CITY
LANDSCAPE
DESIGN

高职高专规划教材

城市居住小区景观设计

刘裕荣 主 编
周鸣鸣 王 安 副主编

化学工业出版社
·北京·

本书以居住小区景观设计实际工程的全过程为线索进行编写，从实践出发，侧重实际工程中必须掌握的国家规范、设计方法、设计步骤等技能。

全书共五章。前三章为住区景观设计的基础知识。第一章介绍了规划知识，侧重介绍指标计算、景观风格等内容；第二章根据住区景观的构成要素，全面系统地将住区入口、道路、场所、绿地、水体、设施等进行了深入浅出的论述；第三章介绍了设计流程。后两个章节为住区景观设计的核心内容，介绍设计方法、设计步骤等技能。第四章介绍了景观方案设计的构思过程；第五章对施工图设计的图纸体系以及施工常识进行了介绍，使读者能看懂施工图，并能完成简单的（台阶、树池等）节点施工图绘制。

本书可作为高职高专风景园林、景观设计、环艺设计类专业及相关专业教材，也可作为成人教育风景园林类及相关专业的教材，还可供从事园林工程等技术工作的人员参考。

图书在版编目（CIP）数据

城市居住小区景观设计/刘裕荣主编．—北京：化学工业出版社，2011.2（2024.2重印）
高职高专规划教材
ISBN 978-7-122-10259-1

Ⅰ.城… Ⅱ.刘… Ⅲ.城市－居住区－景观－环境设计－高等学校：技术学院－教材 Ⅳ.TU-856

中国版本图书馆CIP数据核字（2010）第260636号

责任编辑：卓　丽　李仙华　王文峡　　　　　　　　装帧设计：尹琳琳
责任校对：王素芹

出版发行：化学工业出版社（北京市东城区青年湖南街13号　邮政编码100011）
印　　装：北京天宇星印刷厂
710mm×1000mm　1/16　印张10　字数250千字　2024年2月北京第1版第6次印刷

购书咨询：010-64518888（传真：010-64519686）　售后服务：010-64518899
网　　址：http://www.cip.com.cn
凡购买本书，如有缺损质量问题，本社销售中心负责调换。

定　　价：39.80元　　　　　　　　　　　　　　　　　　　　　版权所有　违者必究

前言

当前是经济迅速发展的时代，园林景观专业的发展有良好的经济基础作后盾；当前也是环境污染日益引起人们的关注、环境意识不断提高的时代，人们渴望园林景观设计能够在环境改善中起到应有的作用，对园林景观专业有着前所未有的期盼。园林景观专业及学科发展，在我国经历了多年的低迷之后，迎来了蓬勃兴盛的时代机遇。其一，经济增长奠定了专业发展基础。据估计2020年我国人均GDP 3000美元的目标将提前实现，经济社会的平稳、快速发展，为我国的风景园林发展打下了坚实的基础；其二，城市化发展强化了绿地需求。据估计2020年城镇人口将达7亿人以上，比现在增加2亿人，按我国城市规划定额指标规定（城市公共绿地人均7平方米），就需要增加公共绿地14亿平方米；其三，地产催生住区景观市场。从1981年至2002年，全国共建230亿平方米住宅。从2001年以来，每年建设住宅的建筑面积都在6亿平方米以上，相当于4000多个平均面积为10公顷的居住小区。在解决了住房的有无问题之后，人们对住房的需求更加着重于对居住环境的选择。仅以国家标准《城市居住区规划设计规范》中规定的居住小区绿化率不低于30%来计算，每年就至少有1.2万公顷的居住区用地需要绿化美化。

与园林景观行业发展面临的历史机遇不相符合的，是当前园林教育层次的不足和教材的缺乏。一方面，教育层次过于偏重本科及以上层次，难以满足专业人才的市场需求；另一方面高职高专等层次的教育教材相对匮乏。在教学实践中深切地感受到选择面太小，同时考虑到园林景观设计特别是最实用最常见的城市居住小区景观设计在学科建设中的重要性，因此编写了本书。

本书力求从实践出发，满足高职教育层次在注重实践性方面的教学定位，满足当前园林专业市场对具有实践动手能力学生的巨大需求。围绕着实践性这一核心命题，本书拟以居住小区景观设计实际工程的全过程为线索进行编写，侧重实际工程中必须掌握的国家规范、设计方法、设计步骤等技能教学，而相对弱化一些不是非常必要的设计理论。对于核心技能的培养，如住区景观方案设计的构思过程，侧重于思维方式、方法的培养。一些值得拓展阅读的内容，在教材中做了单独标记，不强迫学生掌握，可以在兼顾全面性系统性的同时，作到主题明确、实用性强的特点。相信即使是一些本科毕业生、甚至部分刚进入景观设计行业的社会人士，也可以将其作为参考的工作手册。

本书由刘裕荣主编，周鸣鸣、王安任副主编。全书共五章，编写分工如下：第一章、第二章的第5、6节由重庆工商大学周鸣鸣编写，第二章的第1～4节及前言由重庆工商职业学院刘裕荣编写，第三章由王前川、王锐编写，第四、五章由重庆大学王安编写。全书由刘裕荣统稿，刘广泰主审。

本书编写过程中，得到了重庆工商职业学院建筑工程系张宜松院长及各位老师的大力支持和帮助，在此表示衷心感谢！

由于编者水平有限，书中不妥之处，敬请广大读者批评指正。

刘裕荣
2011年1月

目录 Contents

第一章　居住小区景观设计基础　/1

第一节　居住小区规划设计概述　/2
　一、居住小区规划基础　/2
　二、居住小区规划设计　/6
第二节　居住小区景观设计概述　/8
　一、居住景观组成　/8
　二、小区景观分类　/8
　三、小区景观设计原则　/9
　四、小区景观设计的发展与前景　/9
　【案例1.1】深圳市梅林一村小区　/11
　【案例1.2】北京北潞春绿色生态小区　/13
　【案例1.3】深圳万科第五园　/14
　五、小区景观主要风格流派　/15
本章小结　/22

第二章　小区分类景观设计　/23

第一节　入口景观　/24
　一、小区入口功能　/24
　二、小区入口分类　/24
　三、小区入口选址　/26
　四、入口景观构成要素　/28
　五、小区入口景观组织与设计　/30
第二节　道路景观　/31
　一、道路景观功能　/31
　二、道路规划原则　/32
　三、居住区道路分级系统　/33
　四、小区道路景观分类　/34
　五、小区道路景观规划与设计　/40
第三节　场所景观　/45
　一、场所定义与场所景观　/45
　二、场所景观布置原则　/46
　三、小区场所景观分类　/46
　四、小区场所景观规划与设计　/49
第四节　绿地景观　/50
　一、绿地景观功能与构成　/50
　二、绿地景观规划原则　/50
　三、居住区绿地系统组成　/51
　四、小区绿地景观分类　/52
　五、小区绿地景观规划与设计　/58
第五节　水体景观　/67
　一、水景住宅开发　/67
　二、水体景观规划原则　/68
　三、小区水景构成要素　/68
　四、小区水体景观分类　/72
　五、小区水体景观规划与设计　/76
第六节　小品、设施景观　/80
　一、小品、设施景观构成　/80
　二、小品景观设计　/80
　三、设施景观设计　/83
本章小结　/89

第三章 小区景观建设与设计实务 /91

第一节 小区景观建设体系 /92
 一、小区景观建设要素 /92
 二、小区景观建设程序 /93
第二节 小区景观设计流程 /94
 一、前期设计 /94
 二、方案设计 /94
 三、初步设计（技术设计） /95
 四、施工图设计 /95
本章小结 /95

第四章 住区景观方案设计 /97

第一节 设计前期准备 /98
 一、规划及建筑资料 /98
 二、与甲方沟通交流 /101
 三、到现场踏勘感受 /102
 四、资料的综合分析 /102
第二节 方案构思基础 /102
 一、设计构思目标 /102
 二、方案构思方法 /105
 三、图形思维过程 /107
 四、空间形式法则 /108
第三节 方案构思过程 /111
 一、如何看任务书 /111
 二、理解图纸资料 /112
 三、甲方交流信息 /113
 四、资料综合分析 /114
 五、总平分区构思 /114
 六、主要分区构思 /118
 七、次要分区构思 /120
 八、方案构思整合 /122
第四节 方案文本构成 /123
 一、方案说明部分 /123
 二、方案图纸部分 /123
本章小结 /127
推荐阅读 /127

目录 / Contents

第五章　住区景观施工图设计　　/129

第一节　初步设计　　/130
　一、对方案设计回顾及优化　　/130
　二、对方案设计各方面细化　　/130
　三、初步设计的各专业配合　　/130
第二节　施工图设计　　/131
　一、施工图设计的基本工作步骤　　/131
　二、施工图的图纸体系　　/131

第三节　工程技术常识　　/140
　一、地形、竖向与土方　　/140
　二、景观挡墙设计　　/143
　三、水景工程　　/144
　四、铺地工程　　/149
本章小结　　/152

参考文献　　/153

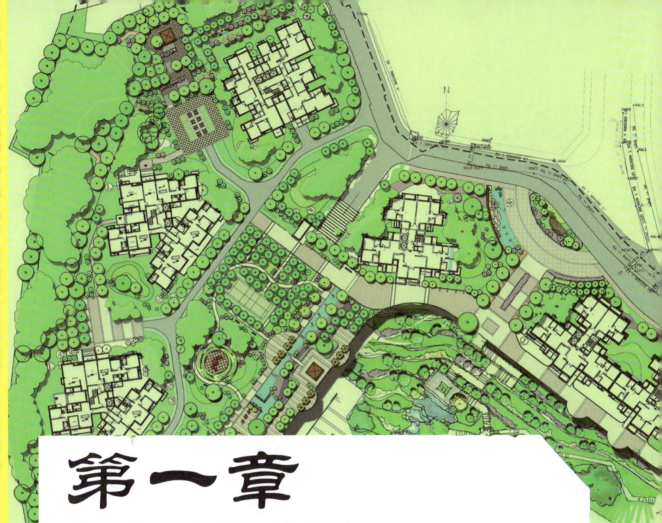

第一章
居住小区景观设计基础

知识目标

- 了解居住区规划设计的基础知识
- 了解小区景观的构成要素与分类
- 了解小区景观的发展趋势与主要风格流派

能力目标

- 掌握小区景观设计中应满足的规划与指标要求
- 掌握各种景观风格设计的主要特点

在设计专业中，景观设计与规划设计之间有着紧密关联。规划设计应城市发展之需，主要包含城镇发展战略规划、城镇体系规划、总体规划、分区规划、村镇规划、城市设计、居住区规划、历史文化名城保护规划、风景名胜及旅游区规划等各层次内容。在这些规划内容中，景观设计都是其中不可或缺的重要内容，就广义的景观设计而言，甚至可以将规划设计涵括在内（如大尺度的区域景观规划与保护等）。

本书将讨论的居住小区景观，与居住小区规划之间有着千丝万缕的关联，是居住小区规划的重要组成部分，担负着形象、功能、生态等功用。本章节主要目标是从了解居住区规划的相关内容出发，分析居住小区类型与规划设计要求，进而讨论小区景观的分类与发展，为后续学习小区景观设计的内容打下基础。

第一节　居住小区规划设计概述

一、居住小区规划基础

1. 居住区规模分级

居住区规模包括人口及用地两方面，在现行《城市居住区规划设计规范》（GB 50180—93）中，按户数或人口数作为衡量标志划分为居住区、小区、组团三个级别（表1.1）。

表1.1　居住区分级控制规模

衡量标志 级别	居住区	小区	组团
户数/户	10000～16000	3000～5000	300～1000
人口/人	30000～50000	10000～15000	1000～3000

2. 居住区规划结构

（1）以居住小区为单位组织居住区　居住小区是指由城市道路或自然界线（如河流）划分的、具有一定规模的、并不为城市交通干道所穿越的居住生活聚居地，小区内设有一整套能满足居民日常物质与文化生活需要的公共服务设施和机构。

这种方式的结构模式为居住区–居住小区，一般以一个小学的最小规模人口为下限，以小区公共服务设施的最大服务半径的用地规模为上限（图1.1）。

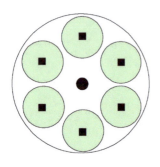
● 居住区级公共服务设施
■ 居住小区级公共服务设施

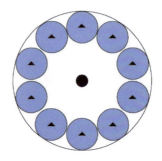
● 居住区级公共服务设施
▲ 居住组团级公共服务设施

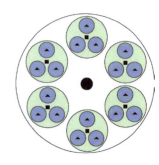
● 居住区级公共服务设施
■ 居住小区级公共服务设施
▲ 居住组团级公共服务设施

图1.1　居住区规划结构示意

（2）以居住组团为单位组织居住区　即不划分明确的小区用地范围，居住区直接由若干居住组团组成，其结构模式为居住区–居住组团。组团相当于一个居民小组（居委会）的规模，一般为1000～3000人。

（3）以居住组团和居住小区为单位组织居住区　即居住区是由若干个组团形成的若干个小区组

成，其结构模式为居住区－居住小区－居住组团。

需注意，这里给出的三种规划结构方式为居住区规划的基本方式，在当今居住需求多元化发展的趋势下，居住区以及小区的结构形式是随着社会居住形态和生活方式的变化而相应变化的，可产生出更多的途径与形式。

❸ 居住区用地分类

居住区用地根据功能要求可划分为住宅用地、公共服务设施用地、道路用地以及公共绿地四大类。

（1）住宅用地　指住宅建筑基底所占用地及其周边必须留出的一些空地的总称，其中包括通向居住建筑入口的小路、宅旁绿地和杂务院等。

（2）公共服务设施用地　指按照居住区规模配建的，满足居民生活与使用的各类公共建筑和公用设施建筑物用地，包括建筑基底所占用地及其周围的专用通路、场地和绿地等。

（3）道路用地　指居住区内各级道路的用地，包括不属于上两项的道路的路面以及小广场、停车场、回车场等。

（4）公共绿地　指居住区内安排有游憩活动设施的、供居民共享的游憩绿地，包括居住区公园、小游园和组团绿地及其他块状、带状绿地等。

居住区内各项用地所占比例的平衡控制指标应符合表1.2规定。

表1.2　居住区用地平衡控制指标

用地构成	居住区	小　区	组　团
住宅用地（R01）	45～60	55～65	60～75
公建用地（R02）	20～32	18～27	6～18
道路用地（R03）	8～15	7～13	5～12
公共绿地（R04）	7.5～15	5～12	3～8
居住区用地（R）	100	100	100

❹ 居住小区类型

（1）按照位置与建设条件划分　根据小区用地所处位置是位于城市新建区或旧城改造区，其规划与建设的相关条件会有所差异，如规划间距、日照间距、绿化率等控制要求，一般来说旧城改造区会较新建区适当放宽。

（2）按照住宅建筑层数划分　根据我国现行《住宅设计规范》（GB 50096—1999）的规定，可按照层数将住宅建筑划分为低层住宅（1～3层）、多层住宅（4～6层）、中高层住宅（7～9层）以及高层住宅（10层及以上）四个类别。住宅层数的控制对小区规划及业态的影响极大，其类别的选取可形成以低、多层住宅为主的别墅与洋房小区；以及以中高层、高层为主的高密度小区；此外，也常常采取混合低、多层与中高层、高层的综合形式。

需注意，不同类型的小区模式对于小区景观处理存在着不同要求（表1.3），同时有着各自不同的景观表现形式（图1.2～图1.4）。

表1.3　小区类型与景观设计的关系

住区分类	景观空间密度	景观布局	地形及竖向处理
高层住区	高	采用立体景观和集中景观布局形式。高层住区的景观布局可适当图案化，既要满足居民在近处观赏的审美要求，又需注重居民在居室中俯瞰时的景观艺术效果	通过多层次的地形塑造来增强绿视率
多层住区	中	采用相对集中、多层次的景观布局形式，保证集中景观空间合理的服务半径，尽可能满足不同的年龄结构、不同心理取向的居民的群体景观需求，具体布局手法可根据住区规模及现状条件灵活多样，不拘一格，以营造出有自身特色的景观空间	因地制宜，结合住区规模及现状条件适度地形处理
低层住区	低	采用较分散的景观布局，使住区景观尽可能接近每户居民，景观的散点布局可集合庭院塑造尺度适人的半围合景观	地形塑造不宜过大，以不影响低层住户的景观视野同时又可满足其私密度要求为宜
综合住区	不确定	宜根据住区总体规划及建筑形式选用合理的布局形式	适度地形处理

▲ 图1.2　高层小区总平面示例

▲ 图1.3　多层、中高层混合小区总平面示例

▲ 图1.4　低层别墅小区总平面示例

二、居住小区规划设计

1. 规划设计要求

（1）使用要求　选择合适的住宅类型、合理的公建配套项目及布局方式，组织居民的室外活动场地、绿地及内外交通等。

（2）卫生要求　小区内应合理安排给排水、集中供暖等系统，要求应有良好的日照、通风，防止噪声和空气污染，有条件时应有效利用太阳能、雨水等自然资源，满足可持续发展的要求。

（3）安全要求　小区内应注重交通安全；同时，为防止灾害发生或减少危害程度，应按照有关规定，对建筑的防火、防震构造、安全间距、安全疏散通道与场地、人防地下构筑物等作必要安排，如防火间距就应按照规定执行（表1.4）。

表1.4　民用建筑的最小防火间距

建筑耐火等级	一、二级	三　级	四　级
一、二级	6m	7m	9m
三级	7m	8m	10m
四级	9m	10m	12m

（4）美观要求　优美的居住环境，取决于住宅和公共建筑的设计、建筑群体组合、建筑群体与环境的结合等各方面，因此应将小区看作一个有机整体来进行规划设计，使规划与艺术相结合。

（5）经济要求　运用规划布局手法和技术设计，降低小区建设造价和节约城市用地。

（6）施工要求　规划设计应有利于施工的组织与经营。

2. 规划设计内容

（1）建筑规划　小区内的建筑主要包含住宅与公建两类，其中住宅建筑的规划是小区整体建筑规划的主导因素，布置时首先应确定住宅标准、层高及层数，了解当地自然气候、地理条件和居民生活习惯等；然后结合地形，根据住宅类型、间距条件与要求进行组合布置，可采取行列式、周边式、点式、曲线式、院落式、自由式以及各种混合形式（图1.5），其效果应能满足日照、通风、防噪等环境要求。

小区内的公共建筑（包括教育、文化体育、商业服务、公共服务等）规划应满足合理的服务半径，应布置在交通方便，人流集中的地段，可结合绿化、水体形成优美的景观。其布置方式可沿街呈线状布置，也可成片集中布置、布置在住宅底层，以及结合多种方式进行混合布置等。

（2）道路规划　小区道路规划与建筑规划密切相关，是小区规划系统中十分重要的一项。其规划设计应能满足生活交通、垃圾、邮件、搬家运输、消防救护等车辆的通行；满足工程管线的铺设及小区内的景观需求。

（3）绿地规划　小区绿地规划是为居民创造卫生、安静、安全、舒适、美观的居住环境必不可少的环节。规划布置时应充分考虑原有绿化、河湖水面，对劣地、坡地、洼地进行绿化处理，遵循集中与分散、重点与一般、点、线、面结合的艺术原则。

（4）场地与环境小品规划　室外场地的规划应考虑不同年龄层次人群（儿童、成年人、老年人）

（a）行列式

（b）周边式

（c）曲线式

（d）混合式

▲ 图1.5 小区建筑规划形式示意

的不同需求；同时各种场地具有相应的各种功能，应结合小区总体规划进行布置安排。

环境小品的规划则应根据各自特点，结合公共绿地、公共服务中心、庭院、广场、道路等公共场所进行点缀布置。

3. 主要技术经济指标

控制小区建设的技术经济指标，主要包含以下内容。

① 总用地面积：小区用地红线范围内的总面积。

② 总建筑面积：小区内各种住宅建筑与各类公共建筑面积的总和。

③ 容积率：也称建筑面积毛密度，其含义为小区总建筑面积（万平方米）与小区总用地面积（万平方米）的比值。

④ 建筑密度：也称覆盖率，其含义为小区用地内各类建筑的基底总面积与小区总用地面积的比率（%）。

⑤ 居住户（套）数、居住人数。

⑥ 平均层数：住宅总建筑面积与住宅基底总面积的比值（层）。

⑦ 绿地率：小区用地范围内各类绿地面积总和与小区总用地面积的比率（%）。绿地应包括公共绿地、宅旁绿地、公共服务设施所属绿地和道路绿地（即道路红线内的绿地），其中包括满足当地植树绿化覆土要求、方便居民出入的地下或半地下建筑的屋顶绿地，不应包括屋顶、晒台的人工绿地。

⑧ 停车率：小区内居民汽车的停车位数量与居住户数的比率（%）。

 技术经济指标中涉及的各项面积计算，可参见《城市居住区规划设计规范》及各地方关于城市与住区规划的相关法规、条例。

第二节　居住小区景观设计概述

一、居住景观组成

居住景观的组成包括物质要素与精神要素两方面，物质要素是基础，满足基本实用所需，同时通过风格、形式、意境等的创造，满足居民对于文化、地域特色、艺术审美等精神需求（图1.6）。

▲ 图1.6　小区景观组成示意

二、小区景观分类

❶ 按照景观要素分类

按照景观设计的要素进行分类，小区景观主要包含软质景观与硬质景观两大类。软质与硬质景观是相对而言的，软质景观主要指绿化与水体，硬质景观则泛指由质地较硬的材料组成的景观，包括地面铺装、坡道、台阶、挡墙、栅栏、建筑小品、便民设施、雕塑小品等。

❷ 按照功能特征分类

按照在小区整体环境中所处位置与功能特征进行划分，可将小区景观主要分为入口景观、道路景观、场所景观、绿地景观、水体景观及小品、设施景观六类，本书第二章将分别讨论其设计要点与方法，这里仅作简要铺陈。

（1）入口景观　是展示小区对外形象的重要窗口，同时也是组成城市景观的一部分，在小区景观中担负着"首当其冲"的作用，且由于兼具道路景观与场所景观的功用，因而本书中单列为一类来学习。其景观设计包含入口广场、车行道、人行道、大门等内容，应进行整体化考虑。

（2）道路景观　小区道路的首要功能是组织交通，应具有明确的导向性，因而其景观特征首先应符合导向要求，形成视线走廊，达到步移景异的效果；同时，道路具有搭建景观系统骨架的功用，并为小区居民提供日常生活所需的空间环境，具有"生活街道"的意义，其景观配置、绿化种植与路面铺装也应具有实用性与观赏性。

（3）场所景观　小区的场所包括各种休闲广场、游乐场地与运动场地等。其景观设计应通过边界、标志、辅助设施、绿化等要素形成特定空间的领域感与归属感。

（4）绿地景观　对于小区环境空间的塑造以及环境氛围的烘托起着重要作用，同时也是评价小区生态效益的主要标准之一。设计时应注意各级与各类绿化之间的相互关系与景观效果，重视植物的地域性、观赏效果及功能特点，做到适宜选配。

（5）水体景观　对于提高居住环境质量与营造良性生态环境起着重要作用。小区水景在设计时应充分结合地理区位、地形地势及水源条件进行综合考量；有条件时可通过静水、动水处理以及点、线、面等形式规划，结合山石、植物、亲水平台等水景要素，尽可能为小区居民提供各种舒适的亲水环境。

（6）小品、设施景观　主要包括环境当中的建筑、雕塑小品以及休息设施、卫生设施、信息设施、照明设施、边界设施、排水设施等，它们是小区整体环境营造不可或缺的重要部分，是方便居民日常生活与观景游赏的必备要素。

三、小区景观设计原则

（1）功能性原则　居住环境与人的生活息息相关，首先应配置相应功能设施，满足居民的各种行为与心理要求。一方面应满足居民出行、户外休息、游赏、娱乐、交往等需求，合理布置道路，设置各种室外休闲活动场地、设施、绿化等；另一方面应考虑居民的使用心理、包括私密性、舒适性与归属感等，可通过形式、色彩、质感等营造相应的环境氛围，满足不同层次人群的心理需求。

（2）地域性原则　小区景观应体现所在地域的自然环境特征，因地制宜地创造出具有时代特点和地域特征的空间环境，避免盲目移植；同时应尊重本土历史文化，保护和利用历史性景观，对于历史保护地区的住区景观设计，更要注重整体的协调统一，做到保留在先，改造在后。

（3）艺术性原则　居住环境的景观设计，应注重自然美、形式美、意境美等多个审美层次，展现艺术效果，使人在其中获得精神的愉悦与心灵的享受。

（4）经济性原则　以建设节约型社会为目标，顺应市场发展需求及地方经济状况，注重节能、节水、节材，注重合理使用土地资源，并尽可能采用新技术、新材料、新设备，达到优良的性价比。

（5）生态原则　应尽量保持现存的良好生态环境，改善原有的不良生态环境。提倡将先进的生态技术运用到环境景观的塑造中去，利于人类的可持续发展。

四、小区景观设计的发展与前景

1 居住环境的变迁与发展

居住环境与人居生活息息相关，随着社会与城市的更新和发展，生活方式与居住模式也在不断改变，居住环境也随之不断变化。这里对我国居住环境的变迁与发展做一个基本了解，以便于形成更全面的认识，从而在设计中创新。

（1）传统民居与宅院　我国传统民居模式多为宅院式，宅以院落为单位进行组织，形成整体居住空间环境，如北方的四合院（图1.7），云南民居"一颗印"，都是宅院的基本模式。此外，在我国传统居住文化中，还有一大特点就是将宅院与园林结合，提供与自然融为一体的园居模式。加强对传统居住文化的理解常能为设计指引方向，研究传统院落与园林的特点及组织方式常成为设计师灵感的来源。

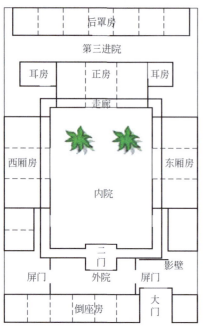
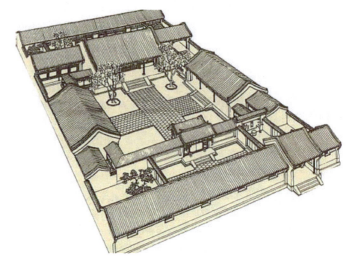

▲ 图1.7　传统四合院示意

（2）里弄、街坊　里弄为上海地区的特指，在北京等地区称之为胡同、巷子，这种形式依据城市道路结构，从大到小，依次由街、弄、里三个层次构成（图1.8）。街是城市道路；街的两侧分支

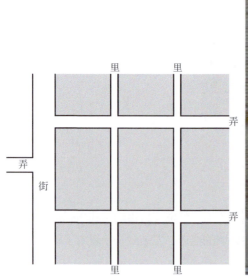

▲ 图1.8　上海旧区里弄示意

是弄；弄的两侧分支是里，里两侧是住宅（弄与里相当于大、小胡同或宽、窄巷子）。里弄、胡同尺度较小，适宜于低层住宅的规划布置。其优点为安静、亲切，邻里交往密切；其缺点为住宅密度大，缺少自然环境，采光、通风差，居住标准较低，已不适于现代城市居住环境的要求。

居住街坊是城市中由街道包围的、供生活居住使用的地段。街坊是在里弄、胡同的基础上发展而来，以满足街坊内居民生活居住的基本要求为原则。街坊内除住宅外，还应具备托儿所、幼儿园、商店等生活服务设施，供成人和儿童游憩、运动的场地和绿地。我国在50年代初期的城市新建居住区中采用过居住街坊的布置形式，用地面积一般为2～10公顷。

（3）居住区建立与发展　我国居住区概念的建立始于1950年，其发展经历了如下三个阶段。

① 1950～1959年，居住区建设改造与稳步发展时期。

② 1960～1979年，居住区建设停滞及恢复时期。

③ 1980～2000年，居住区建设振兴发展时期。

特别是从20世纪90年代中后期开始，随着国内整体经济形势的增长，小区建设发展的势头也逐渐强劲，开发量逐渐增大，开发形式与业态等也愈见丰富，居住环境质量得到极大提高。

2. 小区景观的演变与发展趋势

从20世纪80年代住宅商品化开发至今，随着居住小区的演变与发展，出现了别墅、联排、洋房、小高层、高层小区等多种业态，居住环境质量不断提高，对居住景观的要求也日益增高。许多境外优秀景观设计公司进驻，国内景观设计行业也在不断发展，归纳起来主要有以下三个阶段。

（1）简易绿化阶段　这一阶段主要为20世纪80年代初至20世纪80年代末，随着商品住宅开发的起步，建设者更多关注的是住区建设的经济性、数量、功能之间的关系，对于小区环境的认识受到观念与资金的局限，还停留在简单的"绿化"概念上。

（2）实用庭院阶段　这一阶段主要为20世纪90年代初至20世纪90年代中后期，随着国家全面推进住房体制改革的政策陆续出台，住宅标准从单一走向多元，从解困性目标走向舒适性目标。顺应房地产的迅速发展，小区建设越来越注重环境景观的营造，注重实用功能，强调"以人为本"的原则。

其具体做法是考虑不同年龄、性别、层次等人群的需求，迎合现代生活模式，提供多种室外休闲活动场所与空间，并采取多样化、个性化与具有地方特色的公共设施设计；这些场所与设施安置在小区完备的绿色庭院体系中，一般由中心花园、组团花园、邻里庭院、绿化步行系统和道路绿化组成，各部分绿化、铺装以及环境小品等有机结合、融为一体。

【案例1.1】 深圳市梅林一村小区（图1.9）

深圳市梅林一村小区在景观设计中根据总体规划的特点，形成小绿洲、大绿洲概念。

- 小绿洲为住宅单元、邻里之间相互交流的绿地空间，布置有风雨廊道及各种活动场所，其目的为营造亲切、安全、健康、欢乐的氛围；
- 大绿洲为小区内的带状绿地景观，将本土母亲山——羊台山、梧桐山的水、山石、植物等自然过程演绎到社区景观序列中，形成全体居民共享的绿地空间环境。

（a）总平面规划

（b）组团花园

（c）绿化步行道

（d）休息场所

图1.9 深圳市梅林一村小区

（3）生态发展趋势与多元化风格

① 建立生态小区环境。

从20世纪90年代末至今，随着生态环境的破坏越来越严重，环境、资源、生态等问题已引起全世界的关注，保护生态环境、走可持续发展道路成为我国的基本国策。在这样的趋势下，通过使用绿色能源技术、生态建筑技术等手段、节能降耗，促进住区生态环境的自我调节，建设生态型居住环境，已成为人们的共识。

如今，对于生态型居住环境的建设，已被看作是实现城市宜居与生态平衡的一个基本途径，建立生态小区已成为未来发展的必然趋势。生态小区的建设，不是单单追求环境优美或自身繁荣，而是要兼顾社会、经济、环境三者的整体协调发展，实现整体上的生态文明，其目的是逐渐改变目前我国城市建设中环境污染、缺乏有效环境保护的不合理现状，实现节能、节地、节水、低污染以及物业等的有效管理，为城市和小区自身环境改善带来强大动力。

【案例1.2】 北京北潞春绿色生态小区（图1.10）

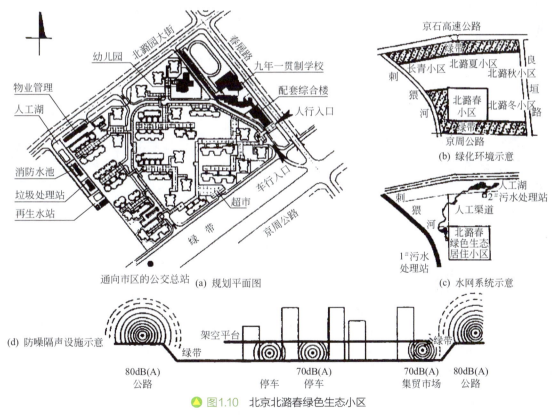

图1.10 北京北潞春绿色生态小区

2000年左右，北京推出了北潞春绿色生态小区，该项目总占地93公顷，规划总建筑面积为70万平方米，可居住约30000人。这是全国第五批城市住宅试点小区，其目标为创造无污染环保型绿色生态小区。小区的绿色生态环境营造主要着力于以下三个方面。

- **环境质量** 竖向设计保证小区自然排水和有组织排水相结合，大雨季节有人工湖蓄水。人工湖有溢水管通向刺猬河泄洪；保护空气达标；控制噪声达标。
- 污染物控制　污水经中水站处理成中水，通过消防水池供人工湖、绿化、清洗用水使用；垃圾减量并无害处理。
- 生态控制　保护耕地，采用新墙体；绿化覆盖率32%；人均公共绿地2.5m²。

②景观设计多元化。

当今时期，随着城市进程化加剧、社会阶层分化，居住需求呈现多样化趋势，人们对美的理解与喜好也呈现多元化的特征。

房地产行业日渐成长，竞争日益加剧，为了满足社会需求与追求回报，住宅产品也已向多元化发展，住区景观风格呈现出诸如"欧陆风"、"海洋风"、"东南亚风"等风靡一时的题材形式；同时，在这些"外来主义"铺天盖地袭来的过程中，出现了与之对应的地域主义、本土化、强调原创性设计的声音，"外来主义"与"本土主义"形成了共存的局面。相信随着房地产行业的不断成熟与发展，多元化的趋势会与适时适地的环境要求相结合，脱离简单的风格复制，走向与本土条件相适应的个性化方向。

对于当今多样化的景观设计，总结其共同点为更加重视对居住生活的塑造，脱离了千篇一律的创作手法，不拘泥于分级模式，规划设计思想理论大大增强了环境意识。总而言之，无论何种风格的景观形式，都越来越注重对社会、文化、心理、生态等深层次环境领域的考虑与挖掘。

【案例1.3】 深圳万科第五园（图1.11）

▲ 图1.11　深圳万科第五园

万科地产在深圳打造的"第五园"小区项目，从总体规划到景观设计都遵循了"骨子里的中国"的设计原则。

● 其景观设计与其建筑风格相结合，吸纳了徽派建筑、岭南园林、四合院等众多中式元素的精华，形成了其独具特色的现代新中式风格。

● 其景观设计走出了单纯的仿古，将中国文化的神韵以现代手法与国际化的方式呈现了出来，以期既可营造出适合中国人居住的传统居住环境，又能符合现代人的生活习惯，是相当优秀的本土化原创设计案例。

五、小区景观主要风格流派

一般来说，小区景观设计的风格应与小区建筑的整体风格相适应，形成小区形象的一致效果。如前所述，目前国内的小区景观设计处于"外来主义"与"本土主义"相互探索、结合与发展的多样化阶段。这里将国内各地常采用的风格形式列举如下，不难发现，以不同的景观理解，体现与人居、自然环境的融合，是当今各种风格设计的主导原则。

1. 中式风格

中式风格是一个涵盖很广的概念，地理位置不同、民间与官式不同以及民族差异不同等，都在中式风格中有不同的表达方式，再加之通过现代设计手法进行处理，也会出现各种演变效果，这里将中式风格大概归为传统中式与现代中式两大类来进行讨论。

（1）传统中式　是指以中国传统建筑与古典园林为摹本的风格形式，其中古典园林源远流长，"虽由人作、宛自天开"，在历史上形成了北方园林、江南园林、岭南园林等多个流派，技艺精深，内涵丰厚，是传统中式景观的主要范本。现代居住小区景观的本土、地域化设计离不开民族的文化背景，因此对于传统园林艺术的继承和发扬，是小区景观设计尊重传统文化、发挥地域特点的必要途径。

实例如重庆金科地产在重庆建造的传统中式风格小区系列，包括中华坊、东方王榭、东方雅郡几个小区项目。这几个项目的特点是沿用与借鉴了徽派建筑风格，结合与之对应的江南园林风格，创造出诗画般的江南印象，其景观设计手法以模仿传统为主，是很大程度上对传统园林形式的再现（图1.12、图1.13）。

▲ 图1.12　重庆金科中华坊

▲ 图1.13　重庆金科东方王榭

（2）现代中式　也称为新中式，是指以中国传统建筑与园林形式为基础，融入现代主义设计语汇而形成的新的风格形式。在表现形式上，现代中式风格既保留了传统文化，又体现了时代特色，是目前沿袭传统、创新设计的一种发展趋势。

其特点是，常常运用传统韵味的色彩，结合现代设计手法对传统造园形式、传统图案符号以及传统植物空间特点等进行截取、提炼与再造（需注意它不是纯粹的元素堆砌，而是应通过对传统文化的深刻认识，将现代元素和传统元素结合起来），从而打造具有中国古典韵味的现代景观空间。如前所述，深圳万科第五园的规划、建筑与景观设计（图1.11），就是对现代中式风格的一种创新诠释。

❷ 欧式风格

欧洲大陆的设计风格从古典主义时期到文艺复兴时期，直至现代主义与后现代主义时期，根据所处地理位置、民族文化传统等不同，产生了多种风格形式，其派系相当庞杂。

在国内居住小区开发的早期，对于欧式风格出现过一个以简单照搬与粗糙截取欧洲古典风格的时期。在现今住区开发中，对于风格形式的运用已大为不同，开始注重与当地气候、地理等自然条件的融合，生态因素的考虑等方面，以及以品质为前提的细节设计，对于各种风格的理解也更为深刻。

这里列举几种目前国内常常采取的欧式风格，作为基础了解。

（1）新古典主义式　新古典主义是建立在对古典主义传承与反思的基础上发展而来的风格形式。一方面表现在注重浑厚的传统文化底蕴，对古典主义优美形式的沿袭与对材料、色彩的沿用中；同时，又表现在对装饰、线条与机理的简化，对古典几何园的提炼、融合中。其具体设计做法为，常采用相对规则的几何形式，以白色、米黄、暗红为主色调，适度选用石材铺贴，采取简练的拱券、线条装饰等，并配合修剪植物造景，从而体现厚重沉稳、高贵大方、典雅简洁的气度。

实例如北京泰禾红御的景观设计，体现了古典欧式的秩序与形式美，摈弃了古典欧式繁复的装饰元素，运用石材铺贴造景，诠释了新古典主义风格的庄重与典雅（图1.14）。

▲ 图1.14　北京泰禾红御

（2）南欧地中海式　南欧地中海风格形式的来源主要取自于地中海北岸国家的一些临海地区，这些地区的地形以山地丘陵为主，加之气候特征相似，文化渊源一脉相承，因此造就了其城市、建筑、景观的共同特色。这些南欧地区，主要包括西班牙加泰罗尼亚地区、法国普罗旺斯地区以及意大利托斯卡纳地区等，以这些地区的人文、自然风景为原型而提炼的地中海风格，其景观设计要点主要表现为以下几方面。

① 对坡地的诠释。欧洲城市十分注重设立户外公共活动空间，地中海北岸的山地特征造就了层

次变化丰富的小规模庭院，因而在景观设计时充分利用地形特征形成错落有致的庭院、花园、叠水空间，成为地中海风格的总体特征。

② 外观形式。花园与景观设施以圆润的姿态与流畅的曲线为主，常采取连续的拱廊与拱门、小坡度瓦屋顶以及各种特色装饰构件。

③ 材料运用。在景观设计中运用块石、陶砖、红砖、碎瓷片等进行各样铺贴与装饰处理。装饰用材的色彩纯净，从而营造出艳阳照耀的海洋情怀。

④ 水景点缀与植物色彩。水景设计源自当地庭院水景，多以喷泉池点缀为主，也可结合地形辅以流水景观等。植物景观的特色为选用各种花卉草木，常以盆栽形式点缀在环境中，营造自然亲切又精致入微的生活氛围。

实例如龙湖地产在重庆开发的地中海主题风格小区系列，包括蓝湖郡、东桥郡、好望山、弗莱明戈等几个楼盘（图1.15～图1.17）。在这些小区中，地中海风格对于地形的运用正好可与重庆富于变化的山地地形相结合，创造出灵活多变的空间效果。

▲ 图1.15　龙湖蓝湖郡

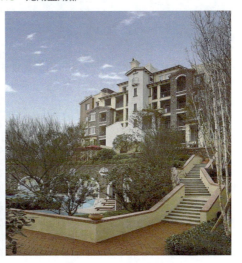

▲ 图1.16　龙湖东桥郡　　　　▲ 图1.17　龙湖好望山

（3）英国乡村式　源自于对英国浪漫风景园的解读。其表现形式为模仿纯天然景观的野趣美，空间处理开阔，以自然式地形、水体、园路和植物来组织景观，处处都体现出浓郁的自然情趣。

其景观设计的要点为采取开放式、自然式的规划布局；大面积的自然生长花草，随处可见花卉、树丛，注重花卉的形、色、味、花期和丛植方式，通常不刻意修剪，突出体现自然植物群落特征；植物种植除了最具代表性的爬藤植物如玫瑰、月季、蔷薇外，还大量应用乔木、花灌木、宿根花卉和地被植物；园路多以天然石材或原木铺成，也常结合草坪铺砌；英式风景园的构筑物包括花架、圆柱、凉亭、观景楼、方尖塔和装饰墙等，常采用木材、石材、砖或混凝土建造；装饰小品包括雕塑、喷泉水景、原木坐凳、鸟浴、花盆、石钵等。

实例如无锡印象剑桥别墅区，其景观设计以英国小镇田园式风貌为特色，随形就势铺设草坪，种植乔木、树丛，水岸自然生长草花，水体与绿地相互渗透融合，结合打造英式广场、钟楼，诠释出英国乡村式风格的自然特点（图1.18）。

图1.18　无锡印象剑桥别墅区

3 美式风格

美式风格也称北美风格,实际上是指在美国本土,融合欧洲各种风格与现代风格而产生的混合风格的总称。与欧洲风格逐步发展演变不同的是,美国在同一时期接受了许多种成熟的风格形式,加之美式自由奔放的思维,以及广阔与原始的自然环境的熏陶,多种因素融为一体,形成了开放式的混合风格形式。

美式风格的小区景观在很大程度上沿袭了莱特"草原式住宅"的理念,将美洲大陆的森林、草原、沼泽、溪流、湖泊、参天大树等自然印象引入,构成广阔的自然景观空间。其设计的总体特点为运用开放式的大片草地、大片树丛、大片水面等营造景观尺度感,体现恢弘的整体社区氛围。实例如上海观庭别墅区,以舒缓的草坡作为整个景观的绿色基调,尺度疏朗,就宛如草原的春风,舒适、热烈而充满活力(图1.19)。

图1.19 上海观庭

❹ 东南亚风格

东南亚风格是一种以该地区浓厚的热带地域风格及民族、文化风情为基础发展而来的风格形式。东南亚地区受气候与海洋调节的影响，植物资源十分丰富，加之岛屿众多，以及宗教文化、本土文化的吸引力，成为世界闻名的度假胜地。东南亚风格正是提炼与发挥这些地区优势而来，表现出自然、质朴、休闲的热带假日趣味与独特的地域风情。东南亚风格的小区景观在我国北方受到气候条件的限制应慎用，相对而言更适用于南方尤其是沿海城市。

其景观设计从空间打造到细节装饰，都应体现对自然的尊重和对手工艺的崇尚。其中对于景观材料多选用原木、青石板、鹅卵石、麻石等天然材料；由于东南亚水资源丰富，因此水景营造多成为景观主题，采取水渠、水池、涌泉、瀑布等多种方式，给人以湿漉漉的观感印象；在植物配置时应注重群落组织，形成层次搭配，多选取棕榈、椰子、铁树、龟背竹等适于热带、亚热带生长的植物；构筑物与小品设计可取法东南亚本土建筑与手工制品特点，营造异域风情。

实例如东莞万科城市高尔夫花园，其景观设计引入循环水景，着重凸显水的气氛，配合东南亚特色的小品建筑、热带植物，以及陶罐、石雕等手工元素，表现出粗犷、淳朴、自然的观感（图1.20）。

🔺 图1.20　东莞万科城市高尔夫花园

5. 现代风格

现代风格是基于"包豪斯"学派的设计理念建立发展而来的。其特点为注重空间关系、逻辑秩序，运用点、线、面要素构成，以及基本几何图形的扩展来组织形式语言，给人简单利落、层次分明的观感。现代风格的形式语言法则遵循对称与均衡、对比与统一、韵律与节奏等，已成为当今设计的形式法则基础，广泛用于设计的各个领域。

现代风格的小区景观设计，以道路、绿化、水体等为基本构图要素，进行点、线条、块面的组织，强调序列与几何形式感，简练规整，装饰单纯，主要通过质地、光影、色彩、结构的表达给人以强烈的导向性与空间领域感。

实例如重庆融汇国际温泉城，从建筑设计到景观设计，都采用了现代风格的设计手法，设计中利用地形变化分台分级，并结合道路、绿化与水体的穿插、构成，营造出多变的空间层次变化（图1.21）。

▲ 图1.21 重庆融汇国际温泉城

综上所述，各个风格流派具备各自的表情与特点，这是适应当今社会需求与审美多元的体现。在这个多元化时期，各种风格及其发展演变层出不穷，在具体景观设计运用中，风格之间也常常相互结合，产生出有趣的变化效果。但须认识到，无论风格如何多变，只是外在表现形式，而适应社会发展、人居需求、顺应生态可持续原则才是住区景观设计的内在要求与发展趋势。

 本章小结

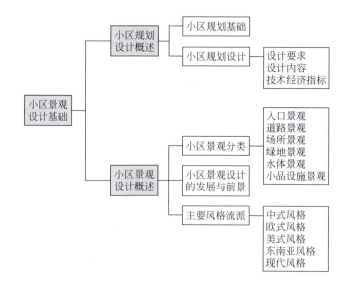

 单元作业

思考题

1. 不同类型的小区对景观设计的要求有什么不同？
2. 生态小区的含义与特点是什么？
3. 各种景观风格的特点是什么？如何在设计中体现？

第二章
小区分类景观设计

知识目标

- 了解各小区分类景观的功能、设计原则及其分类特点
- 了解小区入口景观的选址条件
- 了解小区道路分级系统与规划方法
- 了解绿地景观的整体生态效应与植物配置要求
- 了解水体景观的用水系统、水体净化等生态要求

能力目标

- 掌握小区各分类景观的规划设计方法
- 运用所学知识进行各分类景观的相关设计

  本书按照在小区整体环境中所处位置及其功能特征进行划分，将小区景观主要分为入口景观、道路景观、场所景观、绿地景观、水体景观及小品、设施景观六类。本章内容围绕这六类景观的特点及分类设计要求展开，其中也涉及小区规划的相关内容。在分类景观的学习过程中，应时刻把握两方面要求，一是从系统的角度出发，理解分类景观之间，以及与整体景观之间的相互关系；二是按照分类景观各自应承担的功能要求以及分级、分类特点，学习规划设计与各局部设计的方法。

第一节　入口景观

一、小区入口功能

居住小区入口景观在居住小区整体景观中占据着十分重要的地位。

一方面，入口景观空间是居住小区和城市道路的连接点，承担着小区与外部空间联系的重要中介作用，组织人流集散、车行交通；另一方面，小区入口标识出小区在城市中的区位，是人们认知居住小区的重要节点，是展示居住小区对外形象的重要窗口，同时，入口景观作为居住小区的外部空间，也是城市景观的一部分，反映着城市区域环境的整体面貌；此外，入口景观还常常具备休闲休憩、交流活动等附加功能。

二、小区入口分类

一个小区通常具备两个及以上的出入口，以保证小区与城市之间有良好的交通联系。这些出入口，开设在什么位置、担负什么功用、采取什么形式、选择什么尺度，在进行小区规划布局时应统一安排，属于小区规划的范畴。

这里作为基础理解，需要对居住小区入口进行简单的归类分析。首先，根据其在小区整体规划中所处的地位，可分作主入口与次入口两大类；同时，根据不同入口所承担的交通组织作用，又可以分作人行出入口、车行出入口与人车混行出入口三类。需要注意的是，主、次入口与人行、车行出入口之间是并行的关系，一个入口的主次代表的是其在小区整体规划中的相对地位，它可能是单独的人行出入口或者车行出入口，也可能是人车混行出入口。

1. 主次入口

（1）主入口　居住小区主入口是小区与城市沟通的主要通道，因此通常设立在小区对外联系最便捷的位置，方便小区住户的出入与生活，如临近公交站点、社区商业服务网点、城市公园等；另一方面，主入口在小区所有入口中处于主体地位，应具有相应规模与尺度，提供人流集散、车行交通、休憩观景、小区活动等相关功能，因而通常会与小区主广场以及主要道路直接联系，并且以方便到达小区的各主要部分为宜。在满足以上功能的同时，主入口与城市街道直接联系，在很大程度上代言着小区的整体风格与形象，并与城市街道景观相融合，成为城市形象的有机组成部分。

（2）次入口　是相对主入口而言的，是小区交通的辅助入口，它一般承担小区次要的、局部的或小量的人、车流出入的功能，常与小区周边较次要的城市交通路线或街道相联系。次入口的规模等级、景观形象的重要性均应次于主入口，设计处理相对简单，常常作为单独的人行入口或车行入口使用。需要注意的是，对于用地规模较大的小区，多个次入口之间根据具体情况常常作相对主次的划分，因而需要通过相应空间景观的设计与处理来达到所需效果（图2.1）。

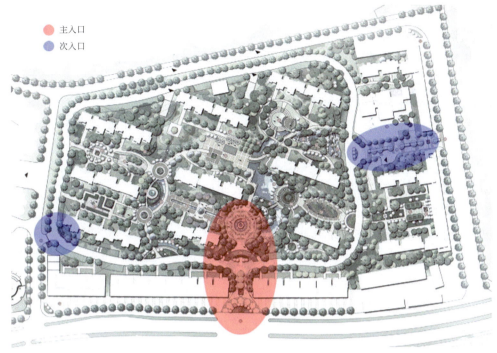

▲ 图2.1 主、次入口的规模尺度关系示例

❷ 人行、车行出入口

居住小区内，建筑与建筑之间以及场地与场地之间存在着众多交通联系，这些交通联系在小区内部空间环境中起着十分重要的组织作用，按照人、车行为需要可以将其划分为人行系统与车行系统两个基本部分，而小区入口正是处于这两个系统的起始端，与之对应的就是人行与车行出入口（图2.2）。

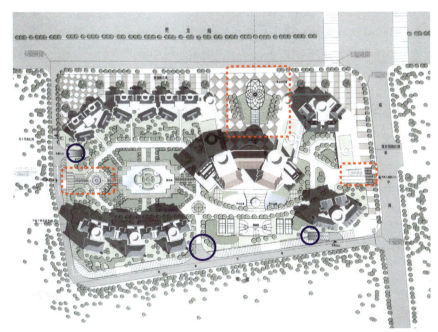

▲ 图2.2 人行、车行出入口布置示例

(1) 人行出入口　是指专供人员通行，一般不通行机动车辆的出入口，并在小区内与人行步道相连接，构成人行系统。

人行出入口由于排除了机械交通，因而出行安全，受限较小，可以创造出更加丰富的小区入口景观。在设计中常常结合小区内的景观步道形成一组景观序列，入口即成为序列的起始节点，并运用绿化、水体等景观要素营造出自然亲切的氛围，这样当住户从入口进入小区内部时，感受到的就是一个形象整体、一气呵成、安全舒适的景观环境；因此，人行主入口常常会被置于小区入口的主导地位，并与一定尺度的步行广场及步道相匹配，作为小区主入口来进行设计。

(2) 车行出入口　是指主要供机动车通行的出入口，与小区内车行道路以及车库相联系构成车行系统，车行出入口与车行道路的两侧一般可布置人行道，供行人通过。车行出入口的设置应满足小型车以及消防车的通行需求，并与城市道路之间进行合理连接；主要的车行出入口应留足一定空间供不进入小区内部的车辆回车或短时间停靠。

《城市居住区规划设计规范》（GB 50180—93）（2002年版）
8.0.5.1 机动车道对外出入口间距不应小于150m。沿街建筑物长度超过150m时，应设不小于 4m×4m 的消防车通道。

(3) 人行、车行出入口设置方式　人行与车行出入口之间主要存在两种关系，就是分开设置与混行设置。

分开设置时，行人与车辆各入其口，各行其道，既有利于行人安全，营造丰富的步行景观，也有利于提高车辆通行效率。

混行设置时，行人与车辆从同一入口进入小区，相互之间会产生一定的干扰，其优点是可节省管理资源。在混行设置的情况下，应尽量让人与车辆能够清晰地辨认自己的活动区域与路径，减少相互之间的冲突，在设计中可以从路面高差、材质、颜色上作区分，通过大门、绿化、水体等景观要素作划分，这样虽说是同一个入口，但实际是不同的进入通道，从而将相互干扰大大降低。具体方式如可在车辆进出的两侧或者单侧布置供行人进出的通道，并与车道之间设置适当的高差（100～150mm），或者通过绿化等方式分隔为人、车两个通道，在可能的情况下，甚至还可为非机动车设置相应的行驶区域，使人、非机动车、车辆三者在入口通行时避免交叉（图2.3）。

3 其他入口

小区内的建筑以住宅为主，同时还配建有会所、幼儿园、商业配套等公共建筑，这些公共建筑根据需要可能对外开设单独的入口，但在很多情况下，这些公共建筑的入口与小区入口也常常会结合起来考虑，如小区主入口结合广场或步行街进行处理，既是小区内住宅建筑的主要出入通道，也是小区会所与配套商业设施的出入口（图2.4）。

三、小区入口选址

(1) 遵循城市规划要求　小区入口选址属于小区规划设计的内容，这里作为基础了解。首先，小区入口选址应符合城市规划要求，《民用建筑设计通则》中对机动车出入口作出了以下规定："机动车出入口位置与大中城市主干道交叉口的距离，自道路红线交叉点量起不应小于70m；与人行横道

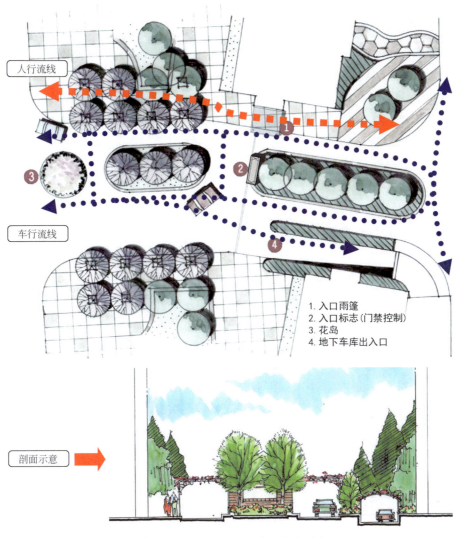

▲ 图2.3 人车混行入口布置方式示例

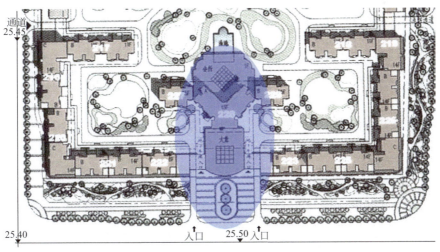

▲ 图2.4 结合小区会所布置的主入口

线、人行过街天桥、人行地道（包括引道、引桥）的最边缘线不应小于5m；与人行横道线、人行过街天桥、人行地道（包括引道、引桥）的最边缘线不应小于5m；距公园、学校、儿童及残疾人使用建筑的出入口不应小于20m"。此外，入口选择还应符合当地城市规划行政主管部门作出的相关规定。

（2）根据周边环境选址　小区入口选址应充分考虑周边环境情况，首先需与城市道路取得良好关系，一般来说，小区主入口的位置应选择设在用地与周围主要道路相连接的位置，而次入口则根据具体情况设置在用地与周围道路连接的其他方向；同时，应考虑周边的配套环境，如是否有公交站点、学校、机关团体、商业设施、公共活动场所等，这些因素都直接影响小区入口位置的确定。

（3）根据小区总体规划选址　小区入口选址在一定程度上会受到小区总体规划的影响，如建筑群体布置特点以及景观轴线考虑等。

综合以上分析，在确立小区入口时，首先应遵循城市规划要求，然后在考虑周边环境的基础上结合总体规划因素，进行比较调整，然后得出合宜的方案。

四、入口景观构成要素

入口景观的构成要素根据其功能特点划分，主要包括小区形象标识、大门、休闲集散广场、步行通道、车行通道、回车场地、停车场地、公共设施等；这些构成要素在提供入口各功能的同时，共同形成入口的整体景观形象。

（1）小区形象标识　是指标明小区称谓的标识设施，主要起着明示"这是哪里"的作用（图2.5）。形象标识常常结合大门、广场景观以及形象墙等组合设置，这样既可丰富入口景观的层次，也可更有效地突出本身；在设计中，形象标识是小区对外展示的基本因素，应注意处理好与其他入口景观要素之间的相互关系，并做到尺度适宜、位置醒目、辨识清楚，同时需体现小区设计的主题与特点，做到点题切题。

▲ 图2.5　小区形象标识示例

（2）大门　这里所说的大门是指起到入口空间限定作用的"门形"构筑物，安设在小区入口特别是主入口处，一方面便于安全管理，一方面作为形象展示。大门主要包括门体、岗亭、门禁几个部分，以及摄像头、电子监控器、可视电话等智能安全系统设备。值得注意的是，大门有时也与建筑体结合设置，这样的建筑体通常具有综合功用，包含物业、会所、商业等内容。

设计大门时，首先要满足使用要求，对于人车混行的入口应尽量做到人车分开进入，空间尺度应能满足人、车（消防车）的通行需要，岗亭、门禁系统设计应方便管理；另一方面，门体作为大门的主体构筑物，设计绝不简单，可根据小区风格特点、入口环境特点等进行提炼，结合形象标识、入口广场等进行"多样"设计,注意要摆脱狭义的"门形"束缚,而应从空间整体的角度出发去思考怎样打造其形象(图2.6)。

(3)入口广场　小区人流量较大的入口处通常会设置一定尺度的广场作为集散使用。入口广场除了担负交通组织的重要功能外,还可作为居民们活动休闲的场所,这是由于入口处人流频繁,居民相互之间接触频率高,有在此休息、聊天甚至开展舞蹈、集会等交往活动的需求。广场设计应以硬质景观为主,并应配搭适量绿化与水景,结合安置休息设施,为小区及周边居民提供一个安全、舒适的场所,从而促使各种交往行为的发生,改善邻里关系,创造住区生气勃勃的氛围(图2.7)。

▲ 图2.6　大门与入口环境

▲ 图2.7　入口广场示例

(4)步行通道　入口步行通道外接城市人行道,内接小区步道,内外交接处通过小区大门进行管理;在布置了集散广场时,步行通道通常与集散广场直接联系,形成完整连续的步行系统。在某些情况下,根据小区以及居住区的规划安排,步行通道可以结合商业设施等形成具有一定规模的入口步行街,供小区乃至社区居民使用。

(5)车行通道　入口车行通道外接城市道路,内接小区车道,形成连续的整体。这里需要注意的是,当地块与城市道路之间存在高差时,入口车行通道应提供充足的过渡距离(坡度以不超过8%为宜),以避免机动车或者非机动车在出入城市道路时产生危险。

车行通道的设计应清楚指定车辆的进出路线,进出位置处应设置减速带;一般来说车行通道至少应留有双车道宽度(作为消防车通行的入口要留足消防车单面通行宽度4m),车道中间可采取设立中央绿化岛的方式对进出车道进行划分,并相应设立出入门禁。

(6)回车与停车场地　在住宅房地产开发早期,很多小区在设计的时候由于机动车尚未普及,因此其入口十分接近城市道路,导致车辆一驶出小区,就会有车头停在城市道路边,或者是转弯准备进入小区时,车尾留在城市道路上的现象。所以,在入口设计时应事先对周边道路的交通情况加以了解,预留出高峰时段适合小区车辆出入、停滞的场地,从而保障行车安全和道路通畅;另一方面,有很多车辆诸如的士等到达小区入口,但是不需要进入小区,这也要求在入口处留有一定场地供这些车辆停靠与回车使用。

在设计时,回车与停车场地主要可采取停靠港与回车转盘的方式进行布置,应按照车辆尺度、转弯半径等条件进行控制,并注意规定清楚车辆行进路线(图2.8)。此外,在一些特定情况下,如对外开放的会所入口与小区入口合并设置时，商业步行街与小区入口合并设置时等，都应在入口处安排具有一定数量停车位的停车场地，停车场地应与车行通道连接，融入入口车行系统中。

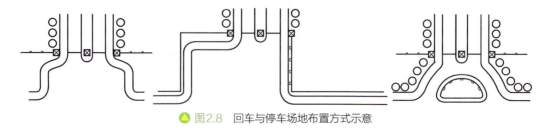

▲ 图2.8　回车与停车场地布置方式示意

五、小区入口景观组织与设计

1. 平面布局模式

小区入口的平面布局根据其在小区中的地位、功能和景观处理的不同情况等可采取各种不同的模式，这里将其中的基本模式分类归纳如下。

（1）按照布局形态划分　主要包括对称式与非对称式两类。对称式指各个入口景观要素依照中轴线对称布置，给人以规整、秩序严谨的感觉；非对称式与前者相反，各个景观要素在平面中自由灵活布置，给人以活泼生动、自然而富于变化的感觉。这两种模式各有所长，在入口设计时应视用地条件、景观风格等具体情况而定。

（2）按照有无广场划分　小区入口设置广场，主要起到交通组织和人流集散的作用，同时也可以作为休闲空间使用。根据与大门的位置关系，主要存在广场在门体外面、在门体里面与门体在广场中间几种情况。其中在门体外面布置广场最为常见，可以避免人流与车流对小区内部产生干扰；在门体里面布置广场，人、车流的交通集散集中在门体之内，对小区内部会存在一定干扰，主要用于入口外部用地狭小，没有足够场地布置集散广场的情况；门体在广场中间时，广场兼顾入口内、外部交通组织，为以上两者的混合形式（图2.9）。

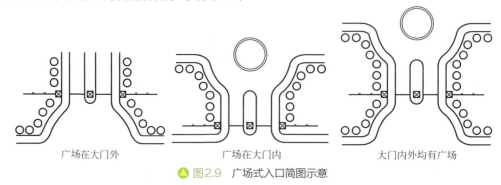

广场在大门外　　　　　广场在大门内　　　　　大门内外均有广场

▲ 图2.9　广场式入口简图示意

小区入口处不设广场，人流与车流在此无法停留，必须快速通过。这种平面形式一般来说主要用于小区的次入口处，有时也用于主入口。

2. 空间组织与形象

（1）入口空间组织　小区入口是由城市空间进入小区空间的转换与过渡，因而其空间组织与体验是设计构思的重要方面。入口的不同平面布局对应形成不同的空间形态，一般来说主要包含入口交通空间、门体空间与引渡空间三个过渡层次（图2.10），实现从城市空间到小区空间的转换。

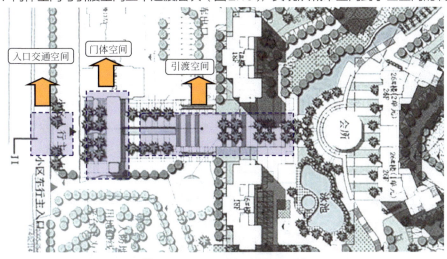

▲ 图2.10 入口空间序列层次示意

在设计中，应结合周边整体环境与小区规划形式，选取合宜的尺度关系，并通过围合、分隔、联系等空间处理手法，形成入口景观的序列节奏。特别是对于主入口景观序列的设计，首先从小区外部观赏应有良好的景观效果，同时还应通过景观节点与空间形态的变化，形成序列完整的起伏层次。

（2）入口形象构思　小区入口景观是小区的"脸面"，同时也是城市街道形象的一部分。因此，一方面，入口形象的设计构思中要充分考虑小区本身的整体设计主题和创意，并与小区的整体建筑形象相呼应，从而成为小区形象展示的一部分（图2.11）；另一方面，在一些特殊环境下（如历史保护街区中），入口设计要求与街区整体风貌一致，街区形象就成为影响入口构思设计的主导因素。

▲ 图2.11 入口形象示意

第二节　道路景观

一、道路景观功能

（1）组织交通　小区道路关系着居民的日常出行，因此解决好交通组织是道路设计的首要任务，要保障人、车通行的通畅、安全、便捷、舒适等要求。

（2）提供交往环境　在疏导交通的同时，道路与小区居民的邻里交往、游憩活动等密切相关，绝不仅仅是"通道"而已，它还担负着提供公共交往空间的功能，如小区内的景观大道、游园小径、健康步道等。从这个角度而言，小区的道路可以说是生活的街道，应为居民的各种日常活动提供空间环境。

（3）构成景观骨架　在小区景观中，道路是线形元素，依序展开，与建筑、水系及绿带之间相互关联，构成有机整体，共同支撑起小区景观骨架系统。在小区景观骨架系统的建立中，道路的作用十分重要，其主干的结构形态在很大程度上界定出景观空间的结构形态，并通过导向、围合、曲折变化等，形成景观视线走廊、景观院落、景观层次变化等空间效果。因此，道路设计的优劣对于小区景观结构的建立而言可以说是举足轻重（图2.12）。

▲ 图2.12　道路骨架系统示意

二、道路规划原则

（1）交通运输与安全原则　组织交通作为道路的首要功能，首先要便于居民以及居民车辆的通行，并适于小货车以及垃圾车等的通行，做到内外畅通、避免往返迂回，从而满足居民上下班、入学、入托、搬运、无障碍通道、清运垃圾等要求；同时还必须考虑防灾救灾要求，当发生灾害事故时，应保证有通畅的疏散通道供消防、救护、工程救险等车辆出入。在此基础上，应注重小区内人车通行的安全与舒适，应避免过境车辆的穿行，车行与人行宜分开设置自成系统，从而保证行人、机动车以及非机动车几者的安全与便利。

（2）因地制宜原则　道路设计应因地制宜，根据小区的基地状况、地形地貌、人口规模、居民需求和居民行为轨迹等来规划路网的布局，确定道路用地的比例以及各类道路的宽度与断面形式；特别是对于一些地形起伏较大的用地，道路设计应充分适应地形变化，使路网布局合理、建设经济。

（3）整体规划原则　道路系统担负着分割与联系小区内部各个地块的双重职能。良好的道路骨架不仅能为各种场地、设施的合理安排提供适宜的用地，也可为建筑、绿地、水系等的布置与创造有特色的环境空间提供有利条件；同时，绿地、建筑、水系等的布局又必然会反过来影响路网的形成，所以在规划设计中，这几者往往彼此制约、互为因果，只有经过反复推敲才能确定出最为合宜的路网形式，从而为整体空间环境的营造提供有利条件。

三、居住区道路分级系统

根据现行《城市居住区规划设计规范》的规定，可将居住区道路分为四个级别，即居住区道路、小区路、组团路和宅间小路。在进行道路规划时应参照该规定进行规划设计，这里作为基本了解分述如下。

（1）居住区（级）道路　是整个居住区内的主干道，一般用以划分小区，在大城市中通常与城市支路同级，其道路红线宽度为20～30m，其中车行道宽度不小于9m，其两侧分别设置非机动车道及人行道，并应设置相应的道路绿化。

（2）小区（级）路　是小区内主干道，一般用以划分组团，其宽度主要考虑小区机动车、非机动车与人的通行。如果采用人车混行的方式，则道路的最小宽度为双车道6m；如采取人车分行的方式，则两侧可安排宽度为1.5m的人行道。

（3）组团（级）路　组团路上接小区路、下连宅间小路，是进出组团的主要通道，路面一般按一条自行车道和一条人行道双向计算，宽度为4m；特殊情况下最低限度为3m；在利用路面排水、两侧要砌筑道牙时，路面宽度需加宽至5m，这种情况下，在有机动车出入时也不会影响到自行车或行人的正常通行。

（4）宅间小路　是连接各住宅入口以及通向各单元门前的小路，是进出住宅的最末一级道路。这一级道路主要供居民出入、自行车使用，并应满足清运垃圾、救护和搬运家具等需要，其路面宽度一般为2.5～3m，最低极限宽度为2m。特殊情况下如需大货车、消防车通行，路面两边至少还需各留出宽度不小于1m的范围内不布置任何障碍物。

《城市居住区规划设计规范》（GB 50180—93）

8.0.2.1　居住区道路：红线宽度不宜小于20m。

8.0.2.2　小区路：路面宽6～9m，建筑控制线之间的宽度，需敷设供热管线的不宜小于14m；无供热管线的不宜小于10m。

8.0.2.3　组团路：路面宽3～5m；建筑控制线之间的宽度，需敷设供热管线的不宜小于10m；无供热管线的不宜小于8m。

8.0.2.4　宅间小路：路面宽不宜小于2.5m。

《城市居住区规划设计规范》中关于道路分级系统的规定为基本模式，随着住区规划的不断发展，设计中不一定完全恪守以上层级划分要求。层级关系可以采取多种组合方式，如小区路-组团路-宅间小路、小区路-组团路、小区路-宅间小路、组团路-宅间小路，每级路面宽度也可根据具体情况作相应调整。

四、小区道路景观分类

小区道路作为景观骨架,是小区景观系统的有机组成部分。根据人、车使用要求可将小区各级道路主要划分为车行道路、停车场与停车库、步行道路三类,这里将停车场与停车库作为广义的道路景观一并列入供参考与了解。

小区道路设计涉及总体规划、消防扑救等问题,属于小区规划的范畴。 道路景观设计应建立在小区道路规划的基础上开展,特别注意对于车行道路,一般不宜在景观规划阶段进行大幅调整,但应掌握其基本布置原则,以便在景观设计时做相应协调处理。

1. 车行道路

(1)车行道 是满足小区车辆通行的整体网络,外部与城市道路直接联系,内部则形成连续通畅的系统。一般来说,车行道主干属于小区路级别,联系与到达各个组团;第二个层次是车行道次干,属于组团路级别,联系与进入到组团内部;根据小区不同的规划情况,车行道可能只设一个主干级别,也可能设立两个甚至更多的层次级别(图2.13)。

▲ 图2.13 小区车行道分级示意

需要注意的是,在道路系统中,较之步行道路而言,车行道路(主要指主、次干道)尺度较宽,并且连续贯通,是构成小区景观骨架的基本要素,其设计优劣直接关系小区景观规划构成;在设计中需注意把握好各级层次,做到架构清楚、线条疏朗、通而不畅,常采用舒展的曲线形式,形成合理、通顺、优美的框架。

（2）回车场地　是车行道的组成部分，当车行道以尽端方式结束时，就需要在尽端处设置回车场地，其尺度不应小于12m×12m，对应的尽端式道路长度不宜大于120m。需要注意的是12m×12m是回车场地的最小控制值，有条件时最好按不同的回车方式安排相应规模的回车场地。

《城市居住区规划设计规范》（GB 50180—93）

8.0.5.5 居住区内尽端式道路的长度不宜大于120m，并应在尽端设不小于12m×12m的回车场地。

（3）消防车道　指发生火灾时供消防车通行的道路，其净宽度和净空高度均不应小于4.0m；消防车道应该连贯成一系统，可以使用小区道路，也可单独设置。当小区内消防车道与小区道路（包括车行道、人行道等）合并使用时，可采取隐蔽方式，即在4m幅宽的消防车道范围内种植不妨碍消防车通行的草坪花卉，铺设人行步道，只在应急时供消防车使用，这样可以有效弱化单纯是消防车道的生硬感，提高环境质量和景观效果。

《建筑设计防火规范》（GB 50016—2006）

6.0.9 消防车道的净宽度和净空高度均不应小于4.0m。供消防车停留的空地，其坡度不宜大于3%。

6.0.10 环形消防车道至少应有两处与其他车道连通。尽头式消防车道应设置回车道或回车场，回车场的面积不应小于12.0m×12.0m；供大型消防车使用时，不宜小于18.0m×18.0m。消防车道路面、扑救作业场地及其下面的管道和暗沟等应能承受大型消防车的压力。消防车道可利用交通道路，但应满足消防车通行与停靠的要求。

《高层民用建筑设计防火规范》（GB 50045—1995）（2005年修订版）

4.3.1 高层建筑的周围，应设环形消防车道。当设环形车道有困难时，可沿高层建筑的两个长边设置消防车道，当建筑的沿街长度超过150m或总长度超过220m时，应在适中位置设置穿过建筑的消防车道。

4.3.5 尽头式消防车道应设有回车道或回车场，回车场不宜小于15m×15m。大型消防车的回车场不宜小于18m×18m。消防车道下的管道和暗沟等，应能承受消防车辆的压力。

❷ 停车场与停车库

小区内停车分地面、地下及半地下几种形式，以停车场或停车库的方式停放。停车场、停车库与小区车行道路直接相通，共同形成车行体系；这其中涉及相关景观布置与处理，下面对各种停车情况分别予以说明作为了解。

（1）停车场

① 集中停车场。是指在小区内划分出的供车辆露天停放的专属场地。停车场的优点是对居住环境的影响较低，建设费用较低，便于车辆管理；其劣势是占地面积较大，因而不宜过多采用。布置

停车场时,首先应节约用地,合理安排车位与车行道;此外,其周边应种植乔灌木,以减少对周围环境的空气污染与噪音干扰,停车场内宜作绿化种植,停车位可采取植草砖铺设,降低生硬感。

② 楼旁、路边就近停车位。当车行道能够到达住宅周边时,采取这种方式最方便,其劣势是容量小、占地多、妨碍交通,对周边环境影响较大,对于拥有车辆较多的中高层住宅小区来说无法解决停车需求(需设置停车库),因而应按照地面停车率要求适量布置,并尽量布置在住宅山墙旁等对居民影响较小的位置。

③ 停车方式。停车位的布置方式主要有平行式、垂直式和斜列式三种,其中斜列式一般有30°、45°和60°三种不同角度的停放形式。

> 《城市居住区规划设计规范》(GB 50180—93)
> 8.0.6.2 居住区内地面停车率(居住区内居民汽车的停车位数量与居住户数的比率)不宜超过10%。
> 8.0.6.3 居民停车场、库的布置应方便居民使用,服务半径不宜大于150m。

(2)停车库

① 地面停车库。可独立设置,也可结合小区内公共建筑设置,一般为多层建筑。地面停车库比停车场省地,比地下停车库经济,但需占用一定公共环境用地,实际运用较少,适合在高容积率,特别是高地下水位的小区采用。

② 架空平台下停车库。这种方式是利用住宅底层以及住宅之间围合的空间设架空平台,其下停车,其上覆土,铺设道路、种植绿化等作为景观环境空间,但由于车库靠近住宅,会对住户产生较大干扰,一般用于局部,不作为主要停车方式使用。

③ 半地下、地下停车库。半地下停车库是指车库地平面低于室外地平面的高度超过其净高的1/3,且不超过1/2的停车库;地下停车库是指车库地平面低于室外地平面的高度超过其净高的1/2的停车库。车库顶面应覆土作为小区景观使用,覆土深度根据车库顶部结构设计以及绿化种植条件而定;设计中需注意覆土的排水疏导,车库顶板的防水处理与承载能力问题等。

半地下、地下停车库应分别开设车行出入口与人行出入口。其中车行出入口应选择较为隐蔽的位置与小区车行道路连通,并且予以标示,辅以绿化修饰,降低其对环境的影响(图2.14);人行出入口一是可通过贯通车库与住宅的电梯设置,二是可通过车库的疏散楼梯间解决,楼梯间伸出车库顶面,可结合景观环境,作为建筑小品进行设计。

此外,应尽可能改善库内环境,可采取开天窗、孔洞等措施进行采光、通风,天窗或孔洞可作为小品设施进行设计,甚至可放大尺度通过洞口引入绿化或水景,从而将地下空间与室外环境空间有机融合(图2.15)。

半地下、地下停车库的采用既解决了停车问题,又不占用景观环境,可说是一举两得,虽然造价较高,目前仍被广泛采用,特别是对于中高层住宅小区而言,是解决停车与环境之间矛盾的有效方式。

(3)结合地形布置停车位 实际运用中,小区停车可采用停车场、半地下及地下停车库、路边停放、架空平台停放等多种方式的组合;无论采取何种方式解决小区车辆停放问题,都应结合小区整体规划,综合考虑诸如经济、便捷、减小污染与干扰等各种因素,顺应与巧用地形特点,结合绿化景观因地制宜布置(图2.16)。

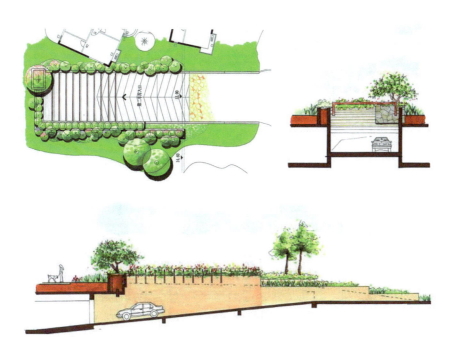

▲ 图2.14 地下车库出入口景观示意

▲ 图2.15 结合环境考虑的地下车库示意

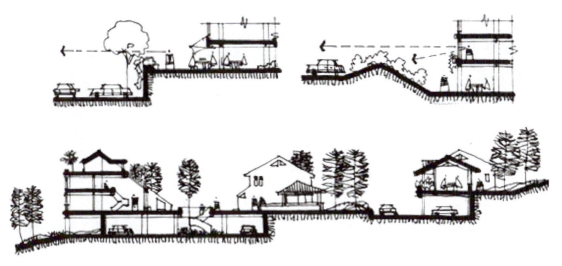

▲ 图2.16 结合地形的停车方式示意

❸ 步行道路

步行道路系统作为人行交通，以小区入口为起点，延续到住宅单元入口，并渗透到绿地景观系统中，可以说无处不在，是丰富、完善道路景观的重要层面。

这里按照步行道路承载的交通量、主次地位与功能要求，将其设定为几个层次，即步行干道、宅间步道、园路与健康步道；各级层次之间应清晰有序，可通过尺度对比、材质划分、色彩区别等方式来实现，界定诸如快速通过、悠游散步、观景休憩等各种行为方式。

（1）步行干道

① 作为人行主通道。在实行人车分流的小区，步行干道是人行的主通路，其首要功能是组织小区人行交通，承载小区的主要人流。步行干道在规划时应与小区入口直接联系，然后引导人流进入各个组团、分区；其设计宜便捷流畅，方便人流的集散；其路面宽度视具体情况而定，一般可采取组团道路的层级为3～5m，以方便特殊情况下供车辆通行。步行干道进入组团后，应与建筑布局充分融合，并连接宅间步道，有时也作为宅间步道直接联系与通往各住宅楼栋出入口。

② 作为景观主干。步行干道与小区景观结合紧密，常常充当主干作用，将小区的各个景观区域与主要节点联系起来，组织成一个完整的体系。设计时需注意，步行干道作为人行主通路，其领域应做好限定，应具有良好的指向性与快速通过性，具体措施可通过地面材质、两侧绿化、小品设施等来进行控制。

更进一步讨论，步行干道在设计中常常被赋予更多的内容与功用，如结合小区人行入口形成入口步行景观道（图2.17），在其中布置休闲集散广场、水体、观景活动场所等，形成对景与轴线景观效果，景观道可延续并直达小区景观规划的中心，从而成为小区景观的主干；这时景观道的尺度可以根据设计进行扩张，融入绿化、水体等多个层次，甚至路面也可分隔成主次多个通路，主通路为快速通过，次通路可作为散步、休息、观景等多种行为方式的活动场所。

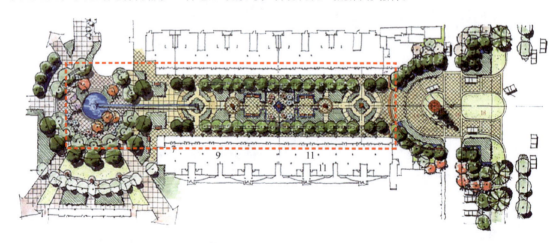

🔺 图2.17　入口步行景观道示意

（2）宅间步道　等同于宅间小路的层级，与人行干道、组团路相接，其主要功能为接引、疏导住宅出入口与步行干道、组团路之间的人流，如需考虑特殊情况下通行车辆，其路面宽度一般取值2～3m。宅间步道应贴近住宅出入口一侧设置，以便与住宅出入口之间相连接（图2.18）。

另一方面，宅间步道可以作为小区健身慢跑道使用；或者通过宅间步道，与宅旁休闲健身场所

▲ 图2.18　宅间步道示例

等联系，方便居民的就近活动；又或者通过宅间步道，与小区景观园路相接，漫步进入小区院落、组团、中心绿地。

（3）园路　其主要功能是供居民游赏、散步、慢跑、观景等活动使用。园路可与步行干道、宅间步道直接连接，也可通过一定的场所空间转换连接；园路布置宜"四通八达"，为步行路线提供多种选择与方式，并深入到小区景观的各个区域与环节，将各个节点景观连接为整体，可以说是小区景观组织的枝节脉络。

园路设计多以曲折自由为宜，力求融入绿树成荫、花木扶疏、缓坡清流的景观环境中，从而取得路随景转、景因路活、相得益彰的艺术效果，引导小区居民按照设计者意图及设定路线来游赏景物、展开活动。此外，园路本身也可成为观赏的对象，其路面常运用天然石材与石块、文化石、鹅卵石、陶砖、砾石等，铺设、镶嵌成各种纹理或图案，或者简单之致地点缀块石于草坪中，踏石而行，悠闲自在之情便会油然而生（图2.19）。

▲ 图2.19　园路示例

（4）健康步道　是小区内一种较为特殊的道路形式，其做法是将卵石铺设在道路上，作为足底按摩健身，其路面宽度一般控制在1.5m以内，可曲折变化并形成环路，并与宅间步道或园路连接。在健康步道周围，可种植草坪、灌木及花卉、景观树等，配合山石、休息设施等营造出亲和舒适的休闲氛围。

五、小区道路景观规划与设计

设计道路景观，首先应理清人流与车流的划分关系问题；在此基础上综合考虑小区建筑规划、绿地系统规划、地形地貌以及小区风格形式等，得出合宜的道路平面布局形式与清晰的路网分级；随之，进一步解决道路竖向关系，深化道路环境设计、路面铺装与构造设计等方面。

（一）道路规划

1. 人车分流模式

小区道路交通应"以人为本"，即以人员通行优先，尽量降低车辆通行对居住环境及行人的干扰，有条件时应实行人车分流模式。人车分流是指小区内人行道路与车行道路各自分离，形成两个自成系统的路网。其模式根据人、车流线路的相互关系，可以是"全部分流"，也可以是"局部分流"；根据立体交通方式，可以是"平面分流"，也可以是"立体分流"。

（1）全部分流与局部分流

① 全部分流。是将人流、车流彻底分开的分流方式。其做法是从小区出入口处起始，人流与车流即分道而行，进入小区后使用各自的路网系统，互不交叉、完全分开；其优势是既保证了行人安全，也保障了车辆通行，但无形中会增加道路用地，且对路网设计的要求非常高，在用地规模较大的小区内很难实现。

② 局部分流。是指在遵循人车分流的原则下，局部存在人流、车流交叉或合并情况的分流方式。这种方式兼顾了节约道路用地与保障人车安全的双重需要，因而常被采用。

（2）平面分流与立体分流

① 平面分流。是指通过建立在同一平面体系的道路系统，引导人车各行其路、互不干扰的方式，主要可以分为沿路分离式和内外分离式两类。沿路分离式，其做法通常是在小区车道两侧设立人行道，利用道牙、台阶、花坛、水池、绿化等隔开人车空间，这种方式对于人车之间的干扰只能减小而无法排除，一般来说适用于小区内局部区域使用。内外分离式，其做法是围绕小区外围布置车行道，并以枝状尽端路或环状尽端路的形式伸入到各居住院落或住宅单元的背面入口，而人行道路则全部设在小区内部，人车完全分离。这种方式来源于1933年美国提出的雷德朋式（Radbum）人车分流（图2.20），是一种一举两得的道路模式，被广泛拓展应用。

② 立体分流。是指通过不同空间层面上的道路系统来实现人车分流，主要可分为三种方式：第一种是在人、车系统交叉处设置立交，立交下层一般行车、上层走人，这种方式根据地形条件多作为局部使用；第二种是小区住宅一层架空，居民从小区入口处就步入二层，住宅之间用空中走廊相连，人在二层走，车在地面行，这种方式下，居民与地面环境缺少交流，一般只作为局部使用；第三种是把车库设在地下，车辆进入小区后就通向地下车库，这样车在地下行，地面只有少量车道，

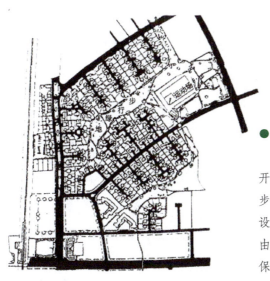

- 雷德朋式人车分流：

  通过这种方式机动车辆可直接开进住宅后院，方便住户使用；而步行道路则将中心绿地、公共服务设施等连接起来，居民在内部可自由活动，不受车行交通干扰，从而保证居住生活环境的安静和安全。

▲ 图2.20 美国雷德朋住区人车分流模式示意

几乎可全作为人行环境使用。

采用人车分流，其最终目的都是既要人、车分离，又要方便住户用车，设计中究竟采取何种方式，应根据项目建设的具体条件因地制宜，结合上述各种方式综合解决。

❷ 平面布局形式

小区道路系统的平面构架（就道路主干而言），可分为规则式与自由式两种基本情况，设计中常常是这两者的结合与互为补充。需注意道路布局应因地制宜，不能单纯追求平面形式的美观而忽视用地条件及实际需求。

（1）规则式　规则式布局是指按照一定的几何形态与秩序进行道路平面规划，这种方式给人以整齐、严谨的感受。规则式布局可以是轴线对称式，也可以按照一定的几何规律进行布局，如方格式、斜列式、放射式、环形式等。小区景观设计讲究环境与自然的融合，规则的形态常常会给人生硬之感，因而这里的"规则"是相对的，设计时要在"规则"中求变化，营造出层次丰富的道路景观（图2.21）。

▲ 图2.21 规则式道路系统

（2）自由式　自由式布局不受几何形态的约束，顺应地形、周边环境而为，形式以自由曲线为主，适用于地形变化复杂、建筑布局自由以及采取自然山水风格的小区中。需注意，"自由"也是相对的，要受到用地条件、建筑与景观整体规划的限制，完全的自由会显得散乱，因而在"自由"中常常会结合一定的规律进行设计，从而才能做好方向引导与景观组织（图2.22）。

▲ 图2.22　自由式道路系统

3 路网分级整合

良好的交通组织不能一味关注道路的纵横往复、四通八达，而是需要一个既符合交通要求又结构简明的路网体系。清晰的道路系统、优美的道路流线、合宜的路面铺装等，是体现小区道路环境质量的重点，因而在设计路网时，要做好分类与分级。如前所述的人车分流是分类整合，在这个前提下，还应做好分级整合。

所谓分级整合，是指不同等级的道路（小区路、组团路、宅间小路等级别）应各为系统，并按照层级关系相互衔接，同时根据道路的等级与性质确定其宽度、断面形式、铺设方式等。在进行分级整合时，应遵循"大的尽量规整，小的尽量变化"的原则，主干道路布置尽量做到短捷、不迂回，并不要出现生硬弯折，以方便车辆的转弯和出入；在保证整体结构的前提下，供居民休闲散步的园路等则可曲折有致、灵活多变，创造多样景观。

（二）道路环境设计

1 道路与建筑关系

小区道路设计与建筑布置关系紧密。首先，道路要能通达并连接每栋建筑的入口，因而在平面形态上会受到建筑布局很大的影响；此外，道路与建筑之间应保持一定的距离，按照《城市居住区规划设计规范》中的相关规定，道路边缘至建、构筑物的最小距离，应符合表2.1的要求。

表2.1 道路边缘至建、构筑物最小距离　　　　　　　　　单位：m

与建、构筑物关系	道路级别	居住区道路	小区路	组团路及宅间小路
建筑物面向道路	无出入口	高层5 多层3	3 3	2 2
	有出入口	/	5	2.5
建筑物山墙面向道路		高层4 多层2	2 2	1.5 1.5
围墙面向道路		1.5	1.5	1.5

注：居住区道路的边缘指红线；小区路组团路及宅间小路的边缘指路面边线，当小区路设有人行便道时，其道路边缘指便道边线。

② 道路与出入口关系

与道路连接的出入口主要有三类，一是小区与城市相接的对外出入口，二是小区内建筑的出入口，三是车库出入口。其中，道路与小区出入口的连接应考虑广场过渡、人车分流、车辆转弯等实际需求；道路与建筑出入口的连接，常规做法是通过与道路垂直的小道连接到住宅门厅处，与此同时应考虑一定的趣味性，如小道可设计成曲折式或环式，或通过小型场所空间进行中间过渡等（图2.23），稍作心思的处理方式可以加强建筑入口的识别性，而对于小区内公共建筑的出入口，可考虑通过一定的集散广场进行联系；道路与车库出入口的连接，应考虑道路坡度、排水设施、车辆的转弯要求以及相应的绿化处理等。

▲ 图2.23 道路与住宅出入口的连接

③ 道路与小区环境融合

道路作为小区景观的骨架体系，应深入到小区环境的肺腑之中，融为一体，这种融合主要体现在以下三个层面。

（1）道路沿线环境设计　道路沿线的环境景观是小区景观的重要层面，在设计中首先应符合导向要求，可通过路灯、行道树、隔离带、水系、铺装、色彩等进行引导；同时应注意步行过程的游玩性与趣味性，可串联起游乐场、棚架、亭廊、水榭等场所与小品景观，有序展开，并注意增强环境景观的层次，达到移步异景的视觉效果（图2.24）。

（2）对景与远景设计　道路是景观设计中的线元素，可形成重要的视线走廊，在设计中应处理

▲ 图2.24 道路沿线环境

好其对景与远景关系（图2.25）。对于较长的直线景观大道，可在其中间段设置一处或多处点景，点景之间相互形成对景效果，从而打破单调的直线景观，丰富景观层次；在道路的转折、交叉以及尽端位置，也应根据视觉效果进行对景与远景处理，做到视线焦点之处有景可赏。需注意，设计中应控制好景深与景物尺度，对景以观赏结构形态为宜，远景以观赏轮廓色彩为宜。

▲ 图2.25 道路的对景与远景

（3）路面铺装设计　道路自身的铺装效果也是小区环境的有机组成部分，应尽量使其自然而富有趣味。小区内道路的铺设材料有沥青、混凝土，各种人造、天然砖石材，卵石、砾石、木材以及树脂材料等，设计中应根据车行、人行以及各种活动场所的不同要求，采取相应的路面铺设方式，如小区车行道路多铺设混凝土、沥青等耐压材料；而宅间小路、园路以行人、赏景为主，富于变化，多铺设石板、砖材、卵石、防腐木、装饰混凝土等自然或类自然材料（可参考《居住区环境景观设计导则》中表5.4的相关内容）。

（三）道路竖向设计

进行道路竖向设计时应充分考虑各类道路的坡度控制指标，结合地形特点，综合确立高程点。各类道路的坡度设计应遵循与参考《城市居住区规划设计规范》及《居住区环境景观设计导则》中的相关要求（表2.2、表2.3）。

表2.2　居住区内道路纵坡控制指标

道路类别	最小纵坡	最大纵坡	多雪严寒地区最大纵坡
机动车道	≥0.2	≤8.0　L≤200m	≤5.0　L≤600m
非机动车道	≥0.2	≤3.0　L≤50m	≤2.0　L≤100m
步行道	≥0.2	≤8.0	≤4.0

注：L为坡长（m）。

表2.3　道路坡度控制要求

道路类型	最大坡度
普通道路	17%（1/6）
自行车专用道	5%
轮椅专用道	8.5%（1/12）
轮椅园路	4%
路面排水	1%～2%

第三节　场所景观

一、场所定义与场所景观

1. 场所定义

挪威著名建筑学者诺伯舒兹在《场所精神——迈向建筑现象学》一书中，提出了"场所精神"的概念。这里所谓的"场所"，是指活动的地方、处所，其提供的特殊空间感受或活动内容，可使人产生认同感与归属感，这种认同感与归属感即成为"场所"具有的"精神"。

由此可以看出，一个地方要成为场所必须具备一定的条件：第一，有适合进行某种活动的空间容量，能满足人流的集结和疏散，即具备空间使用条件；第二，有适合某种活动内容的空间气氛，即具备功能载体的条件，如地面的材料，一堵墙的质感、颜色，一座山的形，一棵树的遮盖，甚至一道阳光的强弱，都是构成空间气氛，形成"场所精神"的特质元素（图2.26）。

▲ 图2.26　场所精神的表现

2. 场所景观功能

在小区环境中，场所景观无处不在，是居民开展各种休闲活动的依存之所，担负着为小区居民各种行为活动提供空间环境的重要职能。一个优秀的场所设计能使居民按照场所赋予的活动意图参与其中，而一个拙劣的场所设计非但不能吸引人们参与，还会造成对空间的虚置浪费。

二、场所景观布置原则

1. 安全原则

场所空间是居民活动的主区域，应充分重视其安全性，这主要体现在：一方面，要避免安设有潜在危险的设施景观，如对于构筑体，应避免突出物、尖刺物等可能对人造成的伤害，以及防止儿童攀爬游玩造成伤害；另一方面，要加强对居民活动的保护措施，如在器械健身场地、儿童游乐场等运动场所，应设置柔软地垫等安全防护设施，而在较深的水池或瀑布一侧，应竖立警示牌或安设栏杆防止居民不小心坠落。

2. 无障碍原则

小区中的公共场所都需考虑无障碍设计要求，为残障居民提供便利，如在高差变化处设置无障碍坡道，在休息设施处考虑无障碍尺度需求，在健身场所考虑残障人士的活动方式等，体现对人的关怀。

三、小区场所景观分类

这里按照场所承担的主要功能效用将其划分为以下几个类别进行讨论。

1. 休闲广场

休闲广场是小区的人流集散地与集体活动场所，一般设于小区的入口区域与景观中心区域，其面积应根据小区规模与规划设计确定，其担负的功能主要有交通疏散、居民公共活动（如节日表演、集体健身运动、宣传活动等）、聊天交往，以及相应的休息观景需求（图2.27）。

根据其功能要求，在设计休闲广场时常以较为宽敞的硬质铺装为主，以供人流集散与各种活动的开展；铺装设计应防滑平整，在活动主区域应尽量避免障碍物，铺装方式宜结合地方特色和建筑风格，或与小区整体景观风格相统一；在广场的出入口处，应保证安全通畅，尽量避免台阶，如设置台阶，应考虑相应的无障碍设计；在广场主活动区周边，可结合绿化、水景等布置休息观景设施，为居民提供休闲、交往的便利。

2. 休憩场所

休憩场所是以休闲观景为主功能的景观空间，如一些游赏性的庭院，碎石小路一侧的几方石桌凳，水岸边的一块树荫草坪，都属于休憩场所的范畴。它们一般分散布置在小区景观中，为居民提

▲ 图2.27　小区广场景观示意

供无所不在的惬意环境。

　　一个休憩场所的形成，离不开两方面因素：一是休息停靠设施，主要包括各种形式的座椅，可结合台阶、树池、亭、廊、棚架等进行设计，需注意的是休息设施布置与安排的区位应给人适当的私密感与安全感，如可通过高大乔木形成遮阳乘凉的环境，通过亭廊构筑物形成挡风避雨的空间，通过树丛绿篱形成一定的视线阻隔等；二是景观内容，在休憩场所内部以及对外视线所及之处，应有景可观，甚至可以设计一定的观景主题，使居民在悠游驻足的过程中获得艺术的熏染与精神的享受（图2.28）。

▲ 图2.28　休憩场所示例

3 游乐场所

　　小区内的游乐场所主要是指儿童游乐场。儿童是居住环境的重要服务对象之一，儿童游乐场在小区景观用地中应占有一定的比例,一般来说应以组团为单位分别在其中布置相应的空间场地。儿童游乐场的布置与设计应遵从就近便捷、安全、隔噪、符合儿童尺度、具有游乐性等各方面要求。

《居住区环境景观设计导则》（2006版）

6.3.1　儿童游乐场应该在景观绿地中划出固定的区域,一般均为开敞式。游乐场地必须阳光充足,空气清洁,能避开强风的袭扰。应与住区的主要交通道路相隔一定距离,减少汽车噪声的影响并保障儿童的安全。游乐场的选址还应充分考虑儿童活动产生的嘈杂声对附近居民的影响,离开居民窗户10m远为宜。

6.3.2　儿童游乐场周围不宜种植遮挡视线的树木,保持较好的可通视性,便于成人对儿童进行目光监护。

6.3.3　儿童游乐场设施的选择应能吸引和调动儿童参与游戏的热情,兼顾实用性与美观。色彩可鲜艳但应与周围环境相协调。游戏器械选择和设计应尺度适宜,避免儿童被器械划伤或从高处跌落,可设置保护栏、柔软地垫、警示牌等。

6.3.4　居住区中心较具规模的游乐场附近应为儿童提供饮用水和游戏水,便于儿童饮用、冲洗和进行筑沙游戏等。

儿童户外游戏的特点是年龄聚集性、季节性、时间性和自我中心性,儿童游戏设施应结合这些特点,在空间构成、形式、质感、材质、色彩的综合创造上,形成生动、鲜明、有趣的特色,满足儿童活动与交往的需求。

儿童游乐场的设施内容主要有沙坑、草坪、涉水池、滑梯、秋千、跷跷板、攀登架以及组合器械等,其中组合器械已成为游戏设施的主体被广泛采用。现在儿童游戏器械广泛采用玻璃钢、PVC、用充气橡胶等材料加工制作而成,色彩鲜艳、造型多样,应精心选择,满足儿童游戏的需求（表2.4）。

4 运动场所

（1）专类运动场　小区内应具备一定数量、规模与种类的专类运动场供居民从事健身运动。专类运动场主要包括网球场、羽毛球场、门球场、篮球场、乒乓球场及游泳池等,根据小区总体规划有时布置于室内,一般来说大多布置于室外。

表2.4　儿童游乐设施设计要点

序号	设施名称	设计要点	
1	沙坑	①居住区砂坑一般规模为10～20m²,砂坑中安置游乐器具的要适应加大,以确保基本活动空间,利于儿童之间的相互接触。②砂坑深40～45cm,砂子中必须以细砂为主,并经过冲洗。砂坑四周应竖10～15cm的围沿,防止砂土流失或雨水灌入。围沿一般采用混凝土、塑料和木制,上可铺橡胶软垫。③砂坑内应敷设暗沟排水,防止动物在坑内排泄	3～6岁
2	滑梯	①滑梯由攀登段、平台段和下滑段组成,一般采用木材、不锈钢、人造水磨石、玻璃纤维、增强塑料制作,保证滑板表面光滑。②滑梯攀登梯架倾角为70°左右,宽40cm,梯板高6cm双侧设扶手栏杆。滑板倾角30°～35°,宽40cm,两侧直缘为18cm,便于儿童双脚制动。③成品滑板和自制滑梯都应在梯下部铺厚度不小于3cm的胶垫,或40cm以上的砂土,防止儿童坠落受伤	3～6岁
3	秋千	①秋千分板、座椅式、轮胎式几种,其场地尺寸根据秋千摆动幅度及与周围娱乐设施间距确定。②秋千一般高2.5m,长3.5～6.7m（分单座、双座、多座）,周边安全护栏高60cm,踏板距地35～45cm。幼儿用距地为25cm。③地面设施需设排水系统和铺设柔性材料	6～15岁

续表

序号	设施名称	设计要点	
4	攀登架	①攀登架标准尺寸为2.5m×2.5m（高×宽），格架宽为50cm，架杆选用钢骨和木制。多组格架可组成攀登式迷宫。②架下必须铺装柔性材料	8～12岁
5	跷跷板	①普通双连式跷跷板宽为1.8m，长3.6m，中心轴高45cm。②跷跷板端部应放置旧轮胎等设备作缓冲垫	8～12岁
6	游戏墙	①墙体高控制在1.2m以下，供儿童跨越或骑乘，厚度为15～35cm。②墙上可适当开孔洞，供儿童穿越和窥视产生游戏乐趣。③墙体顶部边沿应做成圆角，墙下埋软垫。④墙上绘制图案不易退色	6～10岁
7	滑板场	①滑板场为专用场地，要利用绿化种植、栏杆等与其他休闲区分隔开。②场地用硬制材料铺装，表面平整，并具有较好的摩擦力。③设置固定的滑板联系器具，铁管滑架、曲面滑道和台阶总高度不宜超过60cm，并留出足够的滑跑安全距离	10～15岁
8	迷宫	①迷宫由灌木丛林或实墙组成，墙高一般在0.9～1.5m之间，以能遮挡儿童视线为准，通道宽为1.2m。②灌木丛墙须进行修剪以免划伤儿童。③地面以碎石、卵石、水刷石等材料铺砌	6～12岁

室外专类运动场的布置应考虑几方面要求：一是位置选择，运动场对住户会产生一定的噪声干扰，可分散安排在住宅建筑的山墙面，或在小区中选择一定区域集中布置，注意应尽量将场地设在避风的位置，以减低对运动效果的干扰；二是符合标准，在有条件时应按照国内或国际规格设置标准尺寸的运动场地，地面铺设及相关设施也应按标准处理；三是满足环境要求，在运动场周围应布置交通、休息空间，并规划好运动场的出入口位置，场地四周宜种植乔灌木进行多层次绿化处理，既可降低风对球类运动的影响，同时也提供了宜人的运动环境；四是满足朝向要求，网球场、羽毛球场、篮球场等专类运动场呈长方形，其长边应尽量按南北方向布置，以减少太阳光对人眼的刺激影响。

（2）健身运动场　除了专类运动场，小区中还应布置适量的健身运动场。这些运动场应分散设在方便居民就近使用又不扰民的区域，场地内应保证安全，不允许有机动车和非机动车穿越。其内设施以健身器械为主，地面应选择平整防滑、耐磨、耐腐蚀的材料，并相应安排运动区与休息区。

《居住区环境景观设计导则》（2006版）

6.1.2　健身运动场包括运动区和休息区。运动区应保证有良好的日照和通风，地面宜选用平整防滑适于运动的铺装材料，同时满足易清洗、耐磨、耐腐蚀的要求。室外健身器材要考虑老年人的使用特点，要采取防跌倒措施。休息区布置在运动区周围，供健身运动的居民休息和存放物品。休息区宜种植遮阳乔木，并设置适量的座椅。有条件的小区可设置直饮水装置（饮泉）。

四、小区场所景观规划与设计

场所景观整体规划

场所景观的布置应根据小区整体规划来安排，首先可考虑适当的动静分区，如把较大型的运动场地作为动区集中布置，而把沿水体或环绕中心绿地的一些休闲观景场所作为静区布置；另一方面，也可根据居民的活动内容进行分区，如可划分出戏水游乐区、绿荫漫步区、活动健身区等各类组合场所空间。

需注意，场所的分区规划应从整体与局部两个角度进行综合考量，既要方便居民活动，也要兼顾景观功能与层次的安排。首先，可以是就整个小区进行区域的划分，如承担小区集中活动的休闲广场，可安排在景观中心区，而以休闲赏景为主的绿化庭院则可分散于各个组团、院落中；与此同时，应以组团、院落为单位进行内部场所景观的细化，设置相应的健身场所、游乐场所、休息场所等。

场所景观设计要点

场所景观是供人们活动的空间区域，其设计首先应以人的需求为根本原则，以人体工学与人的行为心理为设计依据展开；同时，场所是建立在一定空间范围之内的，应根据场所的功能定义、使用要求，把握其空间尺度，进而限定其边界、确定其出入口、布置其内容，建立与其他场所之间的通路关系以及周边环境关系，与整体景观空间融为一体。

第四节　绿地景观

一、绿地景观功能与构成

1. 绿地景观功能

（1）提供自然舒适的生态环境　小区绿地景观相互联系成一生态系统体系，对保障可持续的居住环境，维护居民身心健康有着至关重要的作用。首先绿地系统能够起到遮阳、吸尘、挡风与减噪的作用；同时可形成与调节小区内部小气候，为小区提供一个鸟语花香、自然和谐的生态环境。

（2）提供赏心悦目的休闲空间　城市中生活的居民，有强烈的亲近自然的需求，绿地景观是再造的自然，是小区景观中最为原始亲切的元素，是居民放松身心的首要所在。在设计中应遵从植物自然生长规律，运用艺术处理法则，营造四季变化的多样植物景观，为居民提供赏心悦目、绿意盎然的轻松环境。

绿地景观构成要素

绿地景观构成的主要素是种植绿化，其面积占绿地景观的比率根据各城市地区具体规定有所不同，一般来说不宜小于70%~80%，种植内容包括乔木、灌木、草坪、花卉等，宜相互组合配搭形成丰富的植被层次；此外，山石、水体、铺装、园路、亭廊、装饰小品等也是构成绿地景观不可或缺的要素，与树木花草相互衬托共同形成以绿化为主体的绿地景观环境。

二、绿地景观规划原则

（1）生态原则　小区绿地景观设计首先应遵循生态原则，一方面应维持生物多样性，营建丰富的植物群落,尽可能保护原有植被与乡土生物种群,维护各种类型及多种演替阶段的生态链;另一方面,要尊重各种生态过程,注重绿化系统的水土涵养、区内小气候的调节等生态功能,努力营建健康有序的小区绿地生态系统。

(2)因地制宜原则　小区绿地景观设计应尊重原始地形地貌,充分利用原有植被、河湖水面等已有条件,对劣地、坡地、洼地等进行绿化再造;布置时应充分结合地形,随形就势,减少土石方量及降低对原有生态的破坏,对山坡、山谷、山顶等微地形进行不同的种植处理,从而营造出高低起伏、层次丰富的绿地空间环境。

(3)整体规划原则　绿地景观应根据小区总体特色及功能分区进行整体规划,联系起各绿色地块使其成为一个有机系统,这样能更大地发挥生态效益。整体规划时首先应分清各级别绿化层次与类型,从屋顶绿化、宅旁绿化、道路绿化,到组团绿化、小花园以至中心花园,按照各级别与类型要求进行相应设计;此外,规划过程应遵循一定的秩序,运用串联与并联、集中与分散、重点与一般以及点线面相结合的手法,合理组织与安排各级别与类型的绿化景观,形成既相对独立,又相互渗透的完整绿化体系(图2.29)。

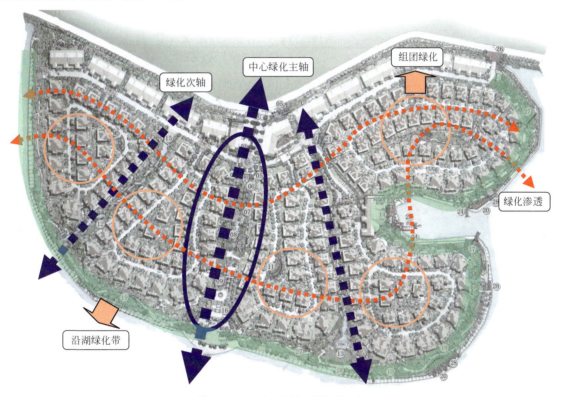

图2.29　小区绿地系统规划示意

三、居住区绿地系统组成

小区绿地包含于居住区绿地的整体概念之中,这里首先来认识居住区绿地系统。按照《城市居住区规划设计规范》中的划定,居住区绿地应包括公共绿地、配套公建所属绿地、宅旁绿地和道路绿地四个类别。

(1)公共绿地　居住区公共绿地根据规划组织结构级别,应分别设置相应的中心公共绿地,包括居住区公园（居住区级）、小游园（小区级）、组团绿地（组团级），以及其他块状、带状公共绿地等。其中小区中心绿地宜与小区公共中心结合布置；组团绿地是亲切、便利的人际交往空间，宜形成组团中心绿地环境，是住区绿地设计的重点；其他块状、带状公共绿地是指同时满足宽度不小于8m、面积不小于400m^{2}的绿地。

需注意，各级绿地除了应具备相应的规模和设施外，其位置也应与其级别相称。一般来说，小区级的中心绿地应与小区级道路相邻，而设在组团内、四面邻组团路的绿地，面积再大也只能是组团级的"大绿地"，而不能取代小区中心绿地，否则势必将吸引整个小区人流至此，干扰到组团内居民的安宁环境。各级中心公共绿地的内容、规格及服务半径要求可参考表2.5的规定。

（2）配套公建所属绿地　指居住区内学校、医院、商业用房、锅炉房等公共建筑的绿化用地；其布置首先应满足本身功能要求，同时融入周边整体环境中进行空间分割。

（3）宅旁绿地　指住宅四旁的绿地，主要满足居民休息、儿童活动和安排杂物等需要；其布置方式自由灵活，随建筑类型、层数及建筑平面组合形式不同而异。

（4）道路绿地　指居住区内各种行道树、隔离带等绿化用地；其布置应根据道路断面、走向和地上地下管线敷设情况而定。

表2.5　居住区各级中心绿地设置规定

中心绿地名称	设置内容	要　　求	最小规格/ha	最大服务半径/m
居住区公园	花木草坪，花坛水面，凉亭雕塑，小卖茶座，老幼设施，停车场地和铺装地面等	园内布局应有明确的功能划分	1.0	800～1000
小游园	花木草坪，花坛水面，雕塑，儿童设施和铺装地面等	园内布局应有一定的功能划分	0.4	400～500
组团绿地	花木草坪，桌椅，简易儿童设施等	可灵活布置	0.04	

四、小区绿地景观分类

小区绿地景观规划应做到层次分明、条理清晰、内涵丰富，这里按照绿地等级以及其在小区中的相关区位，划分为中心绿地、组团绿地、宅旁绿地，以及道路绿化、架空空间绿化、平台绿化、屋顶绿化、停车场绿化几个类别，分述如下。

1. 中心绿地

在小区景观规划中，常常会设立集中的小区级中心绿地，也可称之为"绿心"。绿心应具有相应规模，空间上相对开敞，是重要的空间汇合点与转折点，在设计中应处理好绿心与各组团绿地之间的交通关系，以绿化景观为主，结合布置水景与硬质景观等。作为小区集中活动与景观观赏的主区域，绿心应具有极强的公共性与可达性，其位置、性质及形态特征等与小区整体景观规划之间关系紧密。

从位置来看，绿心主要存在中心式、偏心式和边缘式三种基本布置方式（图2.30）。其中，中心式绿心的服务半径平均，形态布局均衡、稳重，对居民使用来说最为便捷；偏心式绿心一般可结合入口处理，起到"开门见山"的作用；边缘式绿心大多因基地使用条件的原因，配合城市空间进行设计，对外展示小区优美的环境，可起到城市公园的效用。

(a) 中心式　　　　　　　(b) 偏心式　　　　　　　(c) 边缘式

▲ 图2.30　绿心位置示意

从性质来看，绿心可分为独立式和结合公建、教育设施的复合式。大多数时候，绿心以复合式的方式结合其他设施提供多样化的小区服务，起到小区"客厅"的作用。

从形态规划来看，绿心需要结合地形地貌与城市周边环境进行规划，并根据与建筑、道路的交互方式而决定其形态结构，可采取带状形态或集中围合形态等（图2.31）。注意设计时应主张"中看又中用"，不能单纯追求形式美而忽略实用性，应从人体尺度、活动组织、景观序列与层次等多方位考虑，营造具有个性特色的小区中心绿地景观。

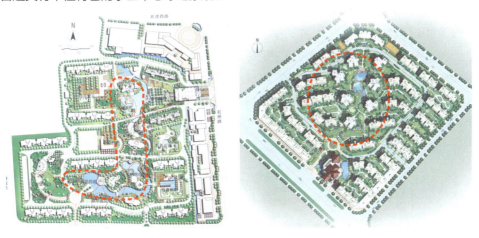

▲ 图2.31　绿心结构形态示意

2. 组团绿地

组团绿地是与住宅组团相匹配的公共中心绿地，其规模应为小区中心绿地的下级，与小区中心绿地之间呈骨架一体关系，同时也是更次一层级（宅旁绿地）的延伸、扩大与集中。组团绿地的设置根据其与住宅组团之间的相对位置关系，可分为以下几种情况。

（1）设于组团核心　这是最为常见的一种形式，即住宅建筑以组团绿地为核心围绕布置。这种方式给人以静谧、内向的空间感受，居民可从自家窗户观赏绿地中心的景致，享受绿意，同时还可看护儿童活动。

（2）设于组团之间　当组团用地受到限制，或者根据设计想取得自由灵活的景观效果时，常在两个组团甚至多个组团之间布置组团绿地。这种方式通常可取得比单个组团更大的绿地面积，有利于打破单调的分区局面（特别是对于行列式建筑布局），使景观空间环境更加灵活多变。

（3）设于临街区域 这种方式是将住宅退离城市街道一定距离，在临街区域布置组团绿地。这样的处理可以打破住宅群（特别是中高层住宅）沿街连线过长的感觉，根据小区实际景观规划可适当采取这种方式。

> 《居住区环境景观设计导则》（2006版）
>
> 4.11 组团绿地
>
> 4.11.1 组团绿地是宅间绿地的延伸和扩大。一般设置在若干栋住宅组成的团组中，并根据团组的空间构成布置成开敞式、半开敞式和封闭式绿地。与宅旁绿地相比，适宜于更大范围的邻里交往。
>
> 4.11.2 组团绿地应满足居民户外活动的需要，应布置小型健身场地，供老人休息和幼儿游戏的场所，并设置必要的休闲设施，如座椅、凉亭等。
>
> 4.11.3 种植植物围合空间，为活动场所提供适宜的绿色背景，为居民创造防风避晒的条件。种植树木以乔木灌木为主。地面除硬地外应铺草以美化环境。并以树木为隔离带，减少活动区相互间的干扰。

3. 宅旁绿地

宅旁绿地是组团绿地的发散与补充，围绕在住宅四周，是邻里交往频繁的室外空间，可设置儿童活动场所、晨练健身场地以及交往休息空间等。一般来说，宅旁绿地位于楼栋之间，面积较小且零碎，很难在同一块绿地里兼顾四季变化，其绿化配置较好的处理手法是一片一个季相或一块一个季相；同时宜选用有益人们身心健康的保健植物如银杏、柑橘等；有益消除疲劳的香花植物如栀子花、月季、桂花、茉莉花等；以及有益招引鸟类的植物如海棠、火棘等（图2.32）。

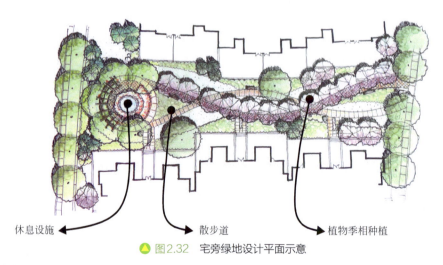

▲ 图2.32 宅旁绿地设计平面示意

需注意的是，宅旁绿地与住宅建筑紧密关联，应处理好建筑物与植物（特别是乔木）之间的关系。其一，高大建筑物四周的小气候常有很大差异，南侧光照时间较长，气温和土温会相应提高，而北侧则相对阴凉，由于植物离建筑物越近，受建筑物影响愈大，所以在选择时应考虑到这种小气候的差异，结合南北方情况因地制宜地选配树种，保证树木的良好长势；其二，树木栽植要考虑到既有遮阴功能，还要有利透光，在住宅南北方向不宜选用高大浓荫的乔木，以提高底层住宅的采光率，一般来说乔木与建筑距离宜大于5m，北面可稍近；其三，住宅四周不宜种植根系发达的常绿树，这样可以避免树木对房屋墙壁的机械损伤，并改善树木的生活环境，使树木根系和枝条更好地伸展生长；其四，配景绿化的树形与姿态应与建筑物整体风格与形态相协调。

> 《居住区环境景观设计导则》（2006版）
>
> 4.10.2 宅旁（间）绿化应结合住宅的类型及平面特点、建筑组合形式、宅前道路等因素进行布置，创造庭院绿化景观，区分公共与私人空间领域，给予居住者认同感和归属感。宅旁绿地的种植应考虑建筑物的朝向（如在华北地区，建筑物南面不宜种植过密，以致影响通风和采光）。在近窗不宜种高大灌木；而在建筑物的西面，需要种高大阔叶乔木，对夏季降温有明显的效果。
>
> 4.10.3 宅旁绿地应设计方便居民行走及滞留的适量硬质铺地，并配植耐践踏的草坪。阴影区宜种植耐阴植物。

❹ 道路绿化

道路绿化是小区"点、线、面"绿化系统中"线"的部分，起着连接、导向、分割、围合整个居住小区绿地的作用，同时作为绿地补充，为居民散步游息提供便利。道路绿化包含从干道绿化到园路绿化各级层次，其中干道绿化是道路绿化的重点，主要可分为三个部分，即分车绿带、行道树绿带与路侧绿带（图2.33）。

图2.33 道路绿化剖面示意

其中，分车绿带宜采用修建整齐的灌木与花卉配搭的形式；行道树绿带的带宽不宜小于1.5m，行道树树种应尽量选择整体高度及枝下高度适中，无飞絮、针刺及异味等的树种，其枝冠宜水平伸展，起到遮阳作用；路侧绿带宜配植时令开花植物、色叶植物，随季节呈现出不同季相，形成系统有序的组合空间，实现多种景观感受。需注意，干道的绿化设计应着重体现引导功能，平面构图上这条"绿线"宜选用冠大荫浓的树种，沿路列植或群植，将小区入口、中心绿地、住宅楼栋有机串联起来。

《居住区环境景观设计导则》（2006版）

5.1.2 机动车道绿化应符合行车视线和行车净空要求。绿化树木与公共设施要统筹设置，保证树木需要的占地条件与生长空间。

5.1.3 道路绿带是指小区机动车道路红线内的带状绿地，包括以下三种。

① 分车绿带，使车行道之间可以绿化的分隔带。

② 行道树绿带，是布设在人行道分缘至道路红线之间的绿带。

③ 路侧绿带，是在带路侧方，布设在人行道边缘至道路红线之间的绿带。

道路绿化应以乔木为主，搭配灌木、地被植物等，尽可能形成多层次的人工植物群落景观。

5 架空空间绿化

架空空间绿化是指将小区住宅楼或会所等公共建筑的底层局部或全部架空，形成与小区环境相贯通的半室外空间，并将绿化景观引入其中的绿化方式。

这种方式一方面增大了绿化空间，使原本被建筑阻隔开的景观之间重新建立起渗透与交流；另一方面又为小区居民提供了舒适的防风避雨、乘凉消暑、活动休息的空间环境，对增进人际交往极有益处。对于住宅楼栋的底层进行架空绿化，通常会结合入口进行设计，给居民带来轻松惬意的归家感受，是提高居住环境品质的有效方式；至于架空层的绿化，宜种植喜阴的低矮植物和花卉，并与宅间、组团绿化融为一体，带来无处不绿的居住体验（图2.34）。

▲ 图2.34 架空空间绿化示例

《居住区环境景观设计导则》（2006版）

4.13.1 住宅底层架空广泛适用于南方亚热带气候区的住宅，利于居住院落的通风和小气候的调节，方便居住者遮阳避雨，并起到绿化景观的相互渗透作用。

4.13.2 架空层内宜种植耐阴性的花草灌木，局部不通风的地段可布置枯山水景观。

4.13.3 架空层作为居住者在户外活动的半公共空间，可配置适量的活动和休闲设施。

❻ 平台绿化

根据小区整体规划常常将停车库、辅助设备用房等设在地下或半地下，这时可利用其顶部覆土一定深度进行植被种植，称之为平台绿化。平台绿化是小区中广泛使用的绿化处理方式，是对空间的高效利用，既满足了建筑功能需求，又为小区居民提供了安全美观的室外景观环境。

平台绿化的覆土种植一方面应考虑平台结构的承载力及灌溉排水问题；另一方面覆土厚度必须满足植物生长的要求，对于较高大的树木，可在平台上设置树池栽植，其控制厚度可参考表2.6的数值。

表2.6 植物适宜的种植厚度

种植物	种植土最小厚度/cm		
	南方地区	中部地区	北方地区
花卉草坪地	30	40	50
灌木	50	60	80
乔木、藤本植物	60	80	100
中高乔木	80	100	150

《居住区环境景观设计导则》（2006版）

4.14.2 平台绿地应根据平台结构的承载力及小气候条件进行种植设计，要解决好排水和草木浇灌问题，也要解决下部采光问题，可结合采光口或采光罩进行统一规划。平台绿地不占自然地面，其上部必须暴露在大自然中，应让绿化植物直接接受阳光和雨露。

❼ 屋顶绿化

屋顶绿化与平台绿化有许多共通之处，平台实际就是地下建筑的屋顶；在屋顶绿化设计中，也应考虑结构承载力及灌溉排水问题。屋顶可分为坡屋面和平屋面两类，坡屋面绿化多选择贴伏状藤本或攀缘植物；平屋面以种植观赏性较强的花木为主，并适当配置水池、花架等小品，形成周边式和庭园式绿化效果。

需注意的是，建筑屋顶的自然环境与地面有所不同，日照、温度、风力和空气成分等随建筑物高度而变化，设计中应充分考虑这些具体情况：一是屋顶接受太阳辐射强，光照时间长，宜选择耐高温、向阳性的植物；二是屋顶温差变化大，夏季白天温度比地面高，夜间比地面低，而冬季屋面温度又比地面高，有利植物生长；三是屋顶风力比地面大1~2级，对植物发育不利，根据屋面实际风力情况可选择抗风力强、外形较低矮的植物；四是屋顶相对湿度比地面低10%~20%，植物蒸腾作用强，更需保水，宜选择种植耐旱、耐移栽、生命力强的植物。

《居住区环境景观设计导则》（2006版）

4.15.3 屋顶绿化数量和建筑小品放置位置，需经过荷载计算确定。考虑绿化的平屋顶荷载为500~1000kg/m²，为了减轻屋顶的荷载，栽培介质常用轻质材料按需要比例混合而成（如营养土、土屑、蛭石等）。

4.15.4 屋顶绿化可用人工浇灌，也可采用小型喷灌系统和低压滴灌系统。屋顶多采用屋面找坡，设排水沟和排水管的方式解决排水问题，避免积水造成植物根系腐烂。

8. 停车场绿化

停车场内及周边应作绿化处理，以美化环境、隔尘减噪，从而降低对小区景观品质的影响。停车场绿化方式可参考表2.7所述。

表2.7 停车场绿化设计要点

绿化部位	景观及功能效果	设计要点
周界绿化	形成分隔带，减少视线干扰和居民的随意穿越。遮挡车辆反光对居室的影响。增加了车场的领域感，同时美化了周边环境	较密集排列种植灌木和乔木，乔木树干要求挺直；车场周边也可围合装饰景墙，或种植攀援植物进行垂直绿化
车位间绿化	多条带状绿化种植产生陈列式韵律感，改变车场内环境，并形成庇荫，避免阳光直射车辆	车位间绿化带由于受车辆尾气排放影响，不宜种植花卉。为满足车辆的垂直停放和种植物保水效果，绿化带一般宽为1.5～2m左右，乔木沿绿带排列，间距应≥2.5m，以保证车辆在其间停放
地面绿化及铺装	地面铺装和植草砖使场地色彩产生变化，减弱大面积硬质地面的生硬感	采用混凝土或塑料植草砖铺地。种植耐碾压草种，选择满足碾压要求具有透水功能的实心砌块铺装材料

五、小区绿地景观规划与设计

1. 小区绿地系统规划

（1）绿地结构系统　小区绿地系统可看作是由绿化建立的点、线、面的形态规划构成。其中面的要素为各个块状绿地，主要起到提供绿地景观环境的作用；线的要素表现为绿色廊道，主要承担穿插联系各绿色块面的功能；点的要素是相对线、面的尺度而言的，主要起到提示、点景的功用（图2.35）。

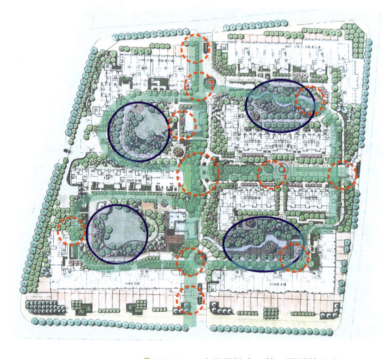

▲ 图2.35　小区绿地点、线、面系统示意

① 绿色块面。小区绿心、组团绿地、宅旁绿地以及其他块状、带状绿地以块面的形式存在，是绿地景观中面的要素，同时也是小区总体景观中面的要素，是景观系统的主体。绿色块面为居民提供娱乐和游憩场所，同时也是调节小区环境小气候的主力因素；块面大小各异、形态各异，在设计中需处理好层级、主次、集散关系，形成绿化网络系统。

② 绿色廊道。绿色廊道与小区道路相互依附而形成，是由道路绿化、景观水体与外围环境等线状要素组成的绿地子系统，它既是绿地景观中线的要素，同时也是小区总体景观中线的要素，承担着景观系统的骨架作用。

小区主次干道、景观步行大道、林荫散步道等线状绿地都充当着小区绿色廊道的角色；按照层级关系，这些绿色廊道各司其职，既是各个绿色块面之间联系的桥梁，同时也是绿色块面内部的联系网络。其具体规划布置应根据道路形式，主次关系设定绿化带宽及绿化方式，根据层级关系作相同层级的相似处理，从而获得清晰的系统认知。

③ 绿色节点。在小区绿地系统中，绿色节点常常用作为景观视线的焦点。根据平面构成关系，绿色节点是相对于绿色块面与绿色廊道而言的，一棵古树、一块绿丘、甚至是一方丛林，都可以成为绿色节点，设计中可将其置于绿色块面中呈包围关系，也可置于绿色廊道中呈串联关系，这些节点通过精心打造，往往成为居民乐于参与的场所空间，是小区景观中的点睛之笔。

（2）空间绿化系统　小区景观呈现的是空间效果，因而在绿化设计中应考虑多方位、多层次的绿化组织：其一，应结合地形处理多变的空间层次景观，结合乔、灌、花、草进行高、中、低搭配，形成高低错落、远近分明、疏密有致的丰富绿化层次；其二，除发展水平空间绿化外，还应兼顾发展垂直绿化，垂直绿化根据位置不同，存在围墙绿化、阳台绿化、屋顶绿化、悬挂绿化、攀爬绿化等多种形式，设计时应全方位考虑，建立起有机的空间绿化体系（图2.36）。

▲ 图2.36　空间绿化体系示意

2 小区绿地指标控制

（1）绿地指标相关规定

① 居住区内公共绿地的总指标。根据《城市居住区规划设计规范》中的规定，居住区内公共绿地的总指标，应根据居住人口规模分别达到，其中组团级不少于0.5m²/人；小区（含组团）不少于1m²/人；居住区（含小区与组团）不少于1.5m²/人，并应根据居住区规划布局形式统一安排、灵活使用。旧区改建可酌情降低，但不得低于相应指标的70%。

② 绿地率。是衡量住区环境质量的重要标志，其指标要求为：新区建设应≥30%；旧区改造

宜≥25%；种植成活率≥98%。

（2）绿化面积计算　绿地指标中对于绿地率的规定是强制性的，除特殊原因外必须遵守。计算小区绿地率的关键是小区绿化总面积，该总面积应按照《城市居住区规划设计规范》中的要求以及当地城市规划主管部门作出的相关规定进行计算。下面列出《城市居住区规划设计规范》中对于绿地面积计算的相关规定，以及《重庆市都市区城市建设项目配套绿地管理技术规定》中的相关内容作为参考。

《重庆市都市区城市建设项目配套绿地管理技术规定》
- 宅旁（宅间）绿地面积计算的起止界对宅间路、组团路和住区路算到路边，当住区路设有人行便道时算到便道边，沿居住区级、城市道路则算到红线；距房屋墙脚1.5m；对其他围墙、院墙算到墙脚。
- 道路绿地面积计算，以道路红线内规划的绿地面积为准进行计算。
- 院落式组团绿地面积计算起止界应距宅间路、组团路和住区路路边1m；当住区路有人行便道时，算到人行便道边；临城市道路、居住区级道路时算到道路红线；距房屋墙脚1.5m。
- 开敞型院落组团绿地，应至少有一个面面向住区路，或向建筑控制线宽度不小于10m的组团级主路敞开，并向其开设绿地的主要出入口。
- 其他块状、带状公共绿地面积计算的起止界同院落式组团绿地。沿居住区（级）道路、城市道路的公共绿地算到红线。

3. 小区绿地坡度控制

根据植物生长要求与人工管理要求，小区绿地坡度应根据种植物不同进行一定的控制，以获得良好的种植效果，其控制指标可参考表2.8。

表2.8　绿地坡度控制要求

绿地类型	最大坡度
草皮	45%
中高木绿化种植	30%
草坪修剪机作业	15%

注：本表内容摘自《居住区环境景观设计导则》（2006版）。

4. 小区植物配置设计

小区植物配置是绿化景观设计的关键，一方面关系到绿化生态系统的正常运作，另一方面关系到四季轮换的观赏效果，配置设计应两者兼顾，最终实现植物的自然生长与景观审美的和谐统一。

（1）小区植物配置原则

① 注重植物多样性。多样性是绿地形成种类丰富的群落结构的基础，也是利用群落创造良好景观效果的基础。物种丰富的绿地，能抵抗较大规模病虫害的侵袭；在受到人为破坏、火灾、污染时，抵御能力较强，受到破坏的植物也易于恢复和更新；同时还能减少因小区建筑物的高大及单调所带

来的压抑感。

② 形成季相交化。季相变化是植物生长的特性，植物品种配置应充分展现枝、干、叶、果、花等观赏内容，形成季相变化丰富的群落景观。设计中，可利用植物品种之间的生态习性差异进行互补配置，如配置银杏、杜鹃花群落，银杏树干直立高大，根深叶茂，可吸收群落上层较强的直射光和较深土壤中的矿质养分，杜鹃花是林下灌木，只吸收林下较弱的散射光和较浅层土中的矿质养分；两类植物在个体大小、根系深浅、养分需求和物候期方面有较大差异，这样既可避免种间竞争，又可充分利用光和养分等环境资源，保证了群落和景观的稳定性。春天杜鹃花争妍斗艳；夏天银杏与杜鹃乔灌错落有致；秋天银杏叶片转黄添色，冬天则可观赏银杏美妙的"枝态"，在不同的季节里都能给居民以美的享受。

③ 以乔木为绿化骨干。乔木在小区中的作用主要应从生态和造景两个方面来考虑。其一，植物的生态效益基本上全靠叶面来完成，而乔木树冠绝对面积大，其叶面积必然大于低矮的灌木和草本，所以乔木种植量一般应达小区绿化的60%~70%，从而能制造更多的氧气，吸收更多的废气与有害气体；其二，对于乔木的选择，不能求多求全，多则杂、杂则乱，同一小区一般以选择2~3种主体树种，3~4种辅助树种为宜。因而，在小区植物配置中，应坚持以乔木为本、灌木为衬托、花草作装点的原则，贯彻以乔木为中心的合理结构。

（2）小区常用植物选择与配置

① 采用乡土植物。乡土植物是指地域固有的植物种群；从外地引入的植物种类称为外来植物；一部分外来植物经过长期的生长发育适应了当地的生态环境而成为归化植物。从生物多样性保护与人文景观保护来看，人为地引种及利用外来植物进行绿化存在许多弊端，利用不当，会扰乱当地已经稳定的自然生态基因系统，造成绿化景观与当地固有的人文风土氛围的不协调等，因而小区植物配置应尽量采用乡土植物，适当考虑归化植物，少量采用外来植物。

② 常绿树与落叶树。常绿树和落叶树具备各自不同的绿化与景观效用。常绿树四季常青，是绿化景观的基础，而落叶树可以带来富有变化的植物季相。

在具体配置中，既要考虑环境景观的综合效果，还应注意绿化与住宅之间是否存在着冬遮阳光、夏挡季风的现象。据此，宅旁绿化最好以落叶乔木为主，在不影响采光通风的情况下，应在道路绿化与中心绿地等位置适当布置常绿乔木，以渲染冬季的绿化效果。

③ 乔木与灌木。乔木的种植除用作为小区主体绿化外，还应突出其观赏性。其一，乔木的树干树姿丰富多样，是植物造景不可忽略的因素，如梧桐树干花纹斑驳美丽，蜡梅树枝曲折有致，垂柳枝叶温柔秀美，都能给人以不同审美感受；其二，乔木具有花、果、叶色等多种观赏点，可以用树林、树丛或孤植点景等方式进行配置，形成诸如桃花林、杏花丛、红枫孤立等优美独特的景致。

在以乔木为本的原则下，可运用常绿的小乔木和灌木，如桂花、含笑、山茶、十大功劳、南天竹等作为中层绿化植物衬托上层乔木，增加绿化的层次感；同时，应适当搭配花灌木，做到四季有花景，可选择一些香花类小乔木与灌木布置在住宅入口、窗口及阳台附近，如栀子花、桂花、丁香花、浓香月季等，从而使室外优美的花香氛围渗入到室内。

此外，小乔木与灌木还常组合成绿篱形成隔离绿化，一方面起到隔离不良环境的作用，如对小区内的垃圾站、锅炉房、变电箱等欠美观的区域加以隐蔽；另一方面起到划分景观空间、形成背景绿化、阻隔视线干扰等作用（图2.37）。

> 《居住区环境景观设计导则》(2006版)
>
> 4.9.1 绿篱有组成边界、围合空间、分隔和遮挡场地的作用，也可作为雕塑小品的背景。
>
> 4.9.2 绿篱以行列式密植植物为主，分为整形绿篱和自然绿篱。整形绿篱常用生长缓慢、分枝点低、枝叶结构紧密的低矮灌乔木，适合人工修剪整形。自然绿篱选用植物体量则相对较高大。绿篱地上生长空间要求一般高度为0.5~1.6m，宽度为0.5~1.8m。按高度区分：绿篱分矮篱、中篱和高篱，又有常绿、半常绿、落叶之别。

④ 藤本植物。藤本植物一般指不能直立生长，必须依附一定物体攀援的植物种类。在配置植物时，可利用其攀援性来丰富造景，可设计各种形态的框架供其攀爬，形成植物立体空间，用作为供居民纳凉的廊架、凉亭等（图2.38）。常用常绿藤本有常春藤、扶芳藤、各种藤本月季等，落叶藤本有凌霄花、葡萄、爬山虎、五叶地锦等。

⑤ 竹类植物。竹类属于特殊的树木类型，主干直立、节间内空，历来深受国人的喜爱，在中国古诗中就有许多关于竹的形容——"未曾出土先有节，纵凌云处也虚心"，"深竹风开合，寒潭月动摇"；竹类隐喻着"高风亮节"的性格特征，成片栽植，可形成宁静高雅的意境，多用于庭院式的环境创造以及绿篱背景或屏障中（图2.39）。

▲ 图2.37 乔木与花灌木

▲ 图2.38 三角梅爬上花架

▲ 图2.39 竹的意境

⑥ 地被草花植物。地被植物一般指较低矮的草本植物，首先可用作为绿化基调，如种植大片草坪供居民观赏、休闲；同时还应注重配置各种草花类地被植物，以红花酢浆草、石蒜、石竹、葱兰、鸢尾、萱草等多年生草花为首选。草花植物在养护上，不用经常性的割草，病虫害也较少，可大大降低养护管理成本，达到绿化美化的效果，同时可以在不同时期陆续开花，形成花境不断的景象（图2.40、图2.41）。

⑦ 保健植物、花卉及色叶植物。基于现代居民对健康的要求，小区绿化的树种可优先考虑美观、

▲ 图2.40 草坪上的光影变化

▲ 图2.41 道路两侧的各色草花

生长快、管理粗放的药用、保健及香味植物,既利于净化空气、抗污吸污,又利于人体健康、调节身心,同时也可美化环境,这类植物如香樟、银杏、雪松、龙柏、枇杷、无花果、含笑、牡丹、门冬草、萱草、玉簪、鸢尾、吉祥草、射干、野菊花等乔灌木及草花等;在优先选择保健植物的同时,还应注意选择花期较长的花卉及色叶植物,如垂丝海棠、木瓜海棠、紫荆、榆叶梅、蜡梅、黄馨、金钟、迎春、棣棠、紫薇、栀子花、桂花、红枫、鸡爪槭、红瑞木等。

(3)绿化种植设施 小区绿化种植设施主要包括花坛、树池以及花钵、花车等各类种植器,其设计对于丰富小区绿化景观起着装饰点缀的作用(图2.42)。在设计与选择种植设施时应符合植物的生长状态与习性,如树池的直径与深度就应与树木的长势高度相适应(表2.9)。

▲ 图2.42 绿化种植设施示例

表2.9 树池及树池箅选用表

树高	树池尺寸/m		树池箅尺寸(直径)/m
	直径	深度	
3m左右	0.6	0.5	0.75
4~5m	0.8	0.6	1.2
6m左右	1.2	0.9	1.5
7m左右	1.5	1.0	1.8
8~10m	1.8	1.2	2.0

《居住区环境景观设计导则》（2006版）

7.9 花坛

7.9.1 花坛是将花卉在一定范围内，按一定图案进行配植的景观。一般宜设在空间较开阔的视线轴线上，高度在人的视平线以下。花坛植物以花卉为主，搭配草坪或灌木等，色彩要求对比明显，层次分明。

7.9.2 个体花坛面积不宜过大，一般图案为圆形（椭圆形）花坛，短轴以5～8m为宜，花卉花坛为10～15m，草皮花坛可稍大一些。花卉植床可设计为平坦的，也可设计为起伏变化的。植床应高出地面7～10cm，并围以缘石。

7.10 种植容器

7.10.1 花盆

① 花盆是景观设计中传统种植器的一种形式。花盆具有可移动性和可组合性，能巧妙地点缀环境，烘托气氛。花盆的尺寸应适合所栽种植物的生长特性，有利于根茎的发育，一般可按以下标准选择：花草类盆深20cm以上，灌木类盆深40cm以上，中木类盆深45cm以上。

② 花盆用材，应具备有一定的吸水保温能力，不易引起盆内过热和干燥。花盆可独立摆放，也可成套摆放，采用模数化设计能够使单体组合成整体，形成大花坛。

③ 花盆用栽培土，应具有保湿性、渗水性和蓄肥性，其上部可铺撒树皮屑作覆盖层，起到保湿装饰作用。

7.10.2 树池/树池箅

① 树池是树木移植时根球（根钵）的所需空间，一般由树高、树径、根系的大小所决定。树池深度至少深于树根球以下250mm。树池箅是树木根部的保护装置，它既可保护树木根部免受践踏，又便于雨水的渗透和步行人的安全。

② 树池箅应选择能渗水的石材、卵石、砾石等天然材料，也可选择具有图案拼装的人工预制材料，如铸铁、混凝土、塑料等，这些护树面层宜做成格栅装，并能承受一般的车辆荷载。

（4）小区植物种植与造景

① 绿化种植尺度控制规定。进行绿化配置应充分了解植物的生长习性、生长空间以及根系的发展空间，处理好因此带来的各种间距问题。这里节选《居住区环境景观设计导则》中的相关内容以供参考（表2.10～表2.14）。

表2.10 绿化植物栽植间距

名 称	不宜小于（中—中）/m	不宜大于（中—中）/m
一行行道树	4.00	6.00
两行行道树	3.00	5.00
乔木群栽	2.00	/
乔木与灌木	0.50	/
灌木群栽（大灌木） （中灌木） （小灌木）	1.00 0.75 030	3.00 0.50 0.80

表2.11　绿化带最小宽度

名　称	最小宽度/m	名　称	最小宽度/m
一行乔木	2.00	一行灌木带（大灌木）	2.50
两行乔木（并列栽植）	6.00	一行乔木与一行绿篱	2.50
两行乔木（棋盘式栽植）	5.00	一行乔木与两行绿篱	3.00
一行灌木带（小灌木）	1.50		

表2.12　绿篱树的行距和株距

栽植类型	绿篱高度/m	株行距/m		绿篱计算宽度/m
		株距	行距	
一行中灌木 两行中灌木	1～2	0.40～0.60 0.50～0.70	/ 0.40～0.60	1.00 1.40～1.60
一行小灌木 两行小灌木	<1	0.25～0.35 0.25～0.35	/ 0.25～0.30	0.80 1.10

表2.13　绿化植物与建筑物、构筑物的最小间距

建筑物、构筑物名称	最小间距/m	
	至乔木中心	至灌木中心
建筑物外墙：有窗 　　　　　　无窗	3.0～5.0 2.0	1.5 1.5
挡土墙顶内和墙角外	2.0	0.5
围墙	2.0	1.0
铁路中心线	5.0	3.5
道路路面边缘	0.75	0.5
人行道路面边缘	0.75	0.5
排水沟边缘	1.0	0.5
体育用场地	3.0	3.0
喷水冷却池边缘	40.0	
塔式冷却塔边缘	1.5倍塔高	

表2.14　绿化植物与管线的最小间距

管线名称	最小间距/m	
	乔木（至中心）	灌木（至中心）
给水管、闸井	1.5	不限
污水管、雨水管、探井	1.0	不限
煤气管、探井	1.5	1.5
电力电缆、电信电缆、电信管道	1.5	1.0
热力管（沟）	1.5	1.5
地上杆柱（中心）	2.0	不限
消防龙头	2.0	1.2

② 道路交叉口植物布置规定。小区内车行道路的交叉口处，应留出非植树区，以保证行车的安全视距，即在该视野范围内不应栽植高于1m的植物，而且不得妨碍交叉口路灯的照明，为交通安全

创造良好条件，非植树区的预留距离参考表2.15的规定。

表2.15 非植树区预留规定

行车速度≤40km/h	非植树区不应小于30m
行车速度≤25km/h	非植树区不应小于14m
机动车道与非机动车道交叉口	非植树区不应小于10m
机动车道与铁路交叉口	非植树区不应小于50m

③ 古树名木保护。根据国家《城市古树名木保护管理办法》中的规定，古树是指树龄在一百年以上的树木；名木是指国内外稀有的以及具有历史价值和纪念意义等重要科研价值的树木。古树名木分为一级和二级，凡是树龄在300年以上，或特别珍贵稀有，具有重要历史价值和纪念意义、重要科研价值的古树名木为一级；其余为二级。一级古树名木要报国务院建设行政主管部门备案；二级古树名木要报省、自治区、直辖市建设行政主管部门备案。新建、改建、扩建的建设工程影响古树名木生长的，建设单位必须提出避让和保护措施。

在小区用地环境中如果存在古树名木，设计时可围绕古树名木以点景的方式作景观处理，尽量发挥其文化历史价值，增添小区的景观内涵；同时，应重视对古树名树的保护，提倡就地保护，避免异地移植。

《居住区环境景观设计导则》（2006版）

4.17.2 古树名木的保护必须符合下列要求。

① 古树名木保护范围的划定必须符合下列要求：成行地带外绿树树冠垂直投影及其外侧5m宽和树干基部外缘水平距离为树胸径20倍以内。

② 保护范围内不得损坏表土层和改变地表高程，除保护及加固设施外，不得设置建筑物、构筑物及架（埋）设各种过境管线，不得栽植缠绕古树名木的藤本植物。

③ 保护维护附近，不得设置造成古树名木的有害水、气的设施。

④ 采取有效的工程技术措施和创造良好的生态环境，维护其正常生长。国家严禁砍伐、移植古树名木，或转让买卖古树名木。在绿化设计中要尽量发挥古树名木的文化历史价值的作用，丰富环境的文化内涵。

④ 植物空间组合。植物具有构成自然空间的机能，如绿篱能够分隔空间，树冠浓厚的伞形树木可形成冠下自然凉亭空间，膝高的植物列植成排，可形成空间引导。植物以各种方式交互搭配，可形成更加丰富的空间效果，这些空间效果的处理与植物组合的高度和密度关系密切，其常用搭配方式及效果可参考表2.16。

表2.16 植物空间组合效果

植物分类	植物高度/cm	空间效果
花卉、草坪	13～15	能覆盖地表，美化开敞空间，在平面上暗示空间
灌木、花卉	40～45	产生引导效果，界定空间范围
灌木、竹类、藤本类	90～100	产生屏障功能，改变暗示空间的边缘，限定交通流线
乔木、灌木、藤本类、竹类	135～140	分隔空间，形成连续完整的围合空间
乔木、灌木	高于水平视线	产生较强的视线引导作用，可形成较私密的交往空间
乔木、藤本类	高大树冠	形成顶面的封闭空间，具有遮蔽功能，并改变天际线轮廓

第五节 水体景观

一、水景住宅开发

1 水体景观功能

所谓"仁者乐山，智者乐水"，住区中的水景，一方面可满足居民亲水的愿望，提供了文化、娱乐、休闲及健身、聚会的场所和空间，同时还可营造优美的景观，改善住区的局部小气候。因此依水造宅，把最自然生动的因素融入到建筑环境中去，已成为如今住区楼盘开发中常用的方式。

2 水景住宅模式

住区通过营造水景，不仅为居民提供了各种亲水活动方式，还能起到提高楼盘品质的效用，与经济效益直接关联，因而近年来各地都涌现出诸多以水景为开发亮点的住宅楼盘，号称水景住宅。根据目前国内水景住宅的开发情况，主要可归纳为以下几种模式。

（1）微型水景点缀　第一种模式是指在小区环境中营造小规模的水景，如小型喷泉、水池、层叠式的小瀑布，或很浅的小溪等，水景设计作为点缀，是为了提升楼盘品质，丰富住区内涵，从心理上满足居民亲水的要求，所以从严格意义上说，这类楼盘不能称之为水景住宅小区。由于这类小区的水景大多数是通过开挖各种人工水景为主，实际是在无水之地造出有水之景，再加上规模较小，易形成不能流动的死水，因而面临着频繁的日常维护工作，在许多建成的小区，由于管理不当，水质得不到保障，或者干脆只留下水池，而不注入水，成为鸡肋，这些都应成为在设计与后期管理中需考虑的问题。

（2）营造大片水景　第二种模式是指将住区内或周边的江河、湖泊的自然水体进行扩整或引入，与小区内开挖的人工水体相贯通，或者直接在住区内开挖大面积的人工水体，形成富有自然情趣的活水。这类水景住宅通常是在建筑覆盖率相对较低的条件下，通过在小区内兴建大面积的水景，如湖水、溪流、人造滩涂等，处处以水为主题，使水景成为小区环境的有机组成部分，全方位融入居民的生活。这种大片水景的开发模式应用很广，出现在全国诸多城市中。

（3）借观天然水景　第三种模式是利用住区周围得天独厚的自然江河、湖、海的水景资源进行规划布局，小区住户在家里就可观望到舒展的河面、平静的湖水抑或是无际的海面，走出小区不远处就可到水畔边亲水戏水。这种模式的小区外借天然水系的美景，其内的景观设计也常常都围绕水景展开，大大增强了住宅的观水与亲水效果。这种形式的小区是对天然景观的有效利用，在各个城市的沿河、沿湖、沿海区域均有大量以江景、湖景、海景为主旨的住区开发，需注意在开发过程中应充分重视对自然环境的保护，以及对城市整体景观规划的影响。

二、水体景观规划原则

1. 生态原则

随着人们对居住环境要求的不断提高，许多住区在规划设计中都将生态理念融入其中，水景住宅的设计也应以生态原则作为指导。

其一，从水体资源考虑，应尽量在自然水体的基础上建设水景，与此同时可通过中水回用等途径解决水源问题，这样不仅环保，还可以产生较高的综合效益；其二，从水景用材考虑，为了防止雨水由于地表硬面过多而造成资源的流失，要尽量少面积采用混凝土、水泥等人工材料来堆砌驳岸，这样还可起到保护周围原有生态系统的效用；其三，从水景与动植物的关系考虑，应在水边种植绿荫树，在水中种植水生植物等，同时投入鱼类、贝壳等生物，形成一个完整的、可循环的生态圈，使水体具有一定的自净功能。

2. 因势利导原则

水景开发应遵循因势利导的原则。所谓因势利导，就是从自然环境的实际情况出发来进行水景开发，包含就地取材，根据各地区气候条件、人文特点、周围环境、地形地貌等建造水景，以及不同的水景后期维护方法等方面。

例如在北方寒冷地区，水景营造的问题主要集中在降低用水成本与解决冬季景观两大方面，设计中就应尽量缩小水系面积，将水面相对集中起来，多采用点状、线状水体，在冬季可放少许水，利用水面冻结可形成一个天然的滑冰场，供居民游乐；而在南方多雨地区，则应充分利用水资源进行水景开发，一方面可以利用江河湖泊等自然资源，另一方面可将区域内的雨水通过收集、处理，应用到水景中。

3. 亲水性原则

在小区中营造各种亲水氛围，能够满足居民的亲水需求，为小区环境带来轻松惬意的生气。亲水氛围的营造，一方面应使水景在视觉、触觉、听觉、嗅觉等方面都能给人丰富的感官享受，提高审美情趣；另一方面，应在水景附近种植充分的植被，避免水景显得生硬，设计中可采用缓坡与植物营造出自然的坡岸，即便是广场中央的喷泉水景也可以在其周边先种植植物，再围以广场铺装；此外，还应加强水边亲水设施的处理，尽可能为居民提供围绕水体的休息区及活动区，营造其乐融融的和谐氛围。

三、小区水景构成要素

1. 水体

水体是小区水景设计的基础要素，可分为动水与静水两种基本形态，在现代住区环境设计中，大都会将二者结合起来，共同构建动静皆宜的水景空间。

设计时，静水大多采用水池和湖面的形式，以影、形取胜；动水主要有溪流、喷泉、瀑布、跌水等形式，配合竖向设计，结合声、光塑造充满动感的氛围。特别是在动水环境中，水的流动带来的水声可形成特殊的效果，令人感受到时而湍急、时而舒缓的水流氛围，在嘈杂的都市里，住区内潺潺的水声带给人的不仅是清新的感受，更是心灵的调试。

2. 驳岸

驳岸是水体的边界设施，其作用主要有三点：一是支撑其后的土壤，防止岸土下坍；二是保护坡岸不受水体的冲刷与侵蚀；三是增加艺术效果，高低曲折的驳岸能够使水体更加富于变化。因此，驳岸是水体景观设计中应重点考虑的部位，在小区中为了营造亲水的效果，一般采取缓坡、阶梯或亲水平台等方式与水体连接、过渡，采用块石、卵石、砂石、种植坡等材质，组合而形成丰富多样的形态（表2.17、图2.43）。

表2.17 驳岸设计要点

序号	驳岸类型	材质选用
1	普通驳岸	砌块（砖、石、混凝土）
2	缓坡驳岸	砌块，砌石（卵石、块石），人工海滩砂石
3	带河岸裙墙的驳岸	边框式绿化，木桩锚固卵石
4	阶梯驳岸	踏步砌块，仿木阶梯
5	带平台的驳岸	石砌平台
6	缓坡、阶梯复合驳岸	阶梯砌石，缓坡种植保护

▲ 图2.43 驳岸形式示例

3. 山石

山石是营造自然山水景观的一个必备因素，通过堆山叠石，能在平地上形成峰、岭、谷、涧，营造出层次起伏的空间效果，然后注入水体可营造出泉、瀑、溪、池等景色，实现"虽由人作，宛自天开"的艺术境界，特别是在现代住区环境建设中，越来越讲究天然趣味，这其中山石添景的作用不可或缺。这里以山石与溪流设计的配合为例（表2.18），可一窥其创造出的各种水流形态与景观效果。

表2.18　溪流与山石的造景设计

序号	名称	效果	应用部位
1	主景石	形成视线焦点，起到对景作用，点题。说明溪流名称及内涵	溪流的首尾或转向处
2	隔水石	形成局部小落差和细流声响	铺在局部水线变化位置
3	切水石	使水产生分流和波动	不规则布置在溪流中间
4	破浪石	使水产生飞流和飞溅	用于坡度较大、水面较宽的溪流
5	河床石	观赏石材的自然造型和纹理	设在水面下
6	垫脚石	具有力度感和稳定感	用于支撑大石块
7	横卧石	调节水速和水流方向，形成隘口	溪流宽度变窄和转向处
8	铺底石	美化水底，种植苔藻	多采用卵石、砾石、水刷石、瓷砖铺在基底上
9	踏步石	装点水面，方便步行	横贯溪流，自然布置

4. 植物

植物与水是营造生态住区的两大基本要素，在设计中应将两者紧密结合，形成互补共生的局面。这里根据与水体位置关系分为水边植物与水生植物两类。

水边植物主要指种植在水岸旁形成绿化氛围的植物，如垂柳、竹类以及各种花树、花卉等；此外，可将一些生长在浅水的湿地植物归为水边植物，如芦苇、蒲草等，这些植物能起到涵养水源，营造自然生态景观的效果。

水生植物是指能够长期在水中正常生活的植物，如荷花、睡莲等，在小区中可设荷塘，春夏秋以荷、莲花为主景，营造荷塘月色等幽远意境；此外，水生环境中还有众多的藻类及各种水草，它们是鱼类的食料，鱼类的繁衍可为小区水景增添情趣，形成良好的生态环境，甚至引来鸟类栖息，从而创造居民戏水观鱼，鸟语花香为伴的景致（图2.44）。

《居住区环境景观设计导则》（2006版）

8.2.5　生态水池/涉水池

① 生态水池是适于水下动植物生长，又能美化环境、调节小气候供人观赏的水景。在居住区里的生态水池多饲养观赏鱼虫和习水性植物（如鱼草、芦苇、荷花、莲花等），营造动物和植物互生互养的生态环境。

② 水池的深度应根据饲养鱼的种类、数量和水草在水下生存的深度而确定。一般在0.3～1.5m，为了防止陆上动物的侵扰，池边平面与水面需保证有0.15m的高差。水池壁与池底需平整以免伤鱼。池壁与池底以深色为佳。不足0.3m的浅水池，池底可做艺术处理，显示水的清澈透明。池底与池畔宜设隔水层，池底隔水层上覆盖0.3～0.5m厚土，种植水草。

5. 亲水设施

（1）亲水步道、汀步

① 亲水步道。是指紧贴水岸的人行道，主要是为居民提供行走、休息、观景和交流的多功能场

▲ 图2.44 植物与水景

所（图2.45）。小区中的亲水步道多采用天然石块、砖材、卵石等作铺装，或者采用木板作铺装。用木板的可称之为木栈道，因其具有弹性和粗朴的质感，行走时比一般石铺砖砌的步道更为舒适，更贴近自然，并可架设于水面之上，与水更为亲近，因而广泛应用于居住环境中。

此外，亲水步道也可由多级沿水岸的台阶组成，有些台阶淹没于水面以下，有些则高出水面，这样在兼具安全的同时，使人们的亲水活动不会受到水面高度变化的影响，沿着石阶在水边漫步的同时，只需弯下身，就可接触到水，实现随意而就的亲水感受。

② 水中汀步。汀步是指在水面安装的一朵朵间隔的步级，形式自由活泼，其设置应注重安全，一般设在浅滩、小溪等跨度不大、水深较浅的水面上，并应注意材质的防滑。汀步跨越水面，形成富有情趣的跨

▲ 图2.45 亲水步道

水小景，当人行走其上时，脚下清流潺潺、游鱼可数的亲水感便会油然而生（图2.46）。

（2）亲水平台　是指从陆地延伸到水面上的供人们观水戏水的平台，它直接临水，是与水亲密接触的场所。在小区水景设计中，亲水平台常常以木质铺装为主，平台的设置可高于水面，形成凭栏观景的效果，或者设在浅水区，在安全的情况下方便居民、孩童戏水游玩（图2.47）。

（3）临水构筑物　主要包括临水的亭廊、水中的台榭等，它们是居民休憩、观赏水景的庇护场所；与此同时，其优美的形态也起到丰富水面景观的效用，是观与被观的所在。

（4）景观桥　桥在水景中起着不可缺少的联系与造景作用，小桥流水的景致不经意间会给人们带来惬意的心情。一方面，桥是水面的交通跨越点，横向分割水面空间，于桥上可眺望水面景色；另一方面，桥的独特造型具有自身的审美价值，可形成区域标志与视觉焦点。住区的景观桥一般以木桥、仿木桥或石桥为主，体量不宜过大，可采取拱桥、吊桥等优美活泼的形式（图2.48）。

▲ 图2.46　水中汀步

▲ 图2.47　浅水处的亲水平台

▲ 图2.48　景观桥示例

四、小区水体景观分类

1. 人工水池

主要是指住区内一些完全由人工开凿的水池景观。一般来说，水池的规模不会很大，水池形态与其池岸设计规整有序，池底平整，与自然水体自由随意的形态截然不同。人工水池一般可采用方形、圆形、条形等几何规则组合形状，并在其中安设喷泉、叠水等起到装饰与点缀作用（图2.49）。

2. 自然水景

这里所说的自然水景并非完全的纯自然水景，而是与自然环境中的江、河、湖、溪相关联的经过人工修饰与改造的水景（图2.50）。这类水景设计多在原有自然生态景观的基础上，通过地形营造与山石堆叠，以自然水体呈现的各种状态为设计依据，处理各部分水体之间的空间关系，创造出原生态式的亲水居住环境。

在用地内没有自然水体的情况下，要想打造自然水景的效果，只有通过全部人工开挖完成，考虑到土石方问题，一般主要以溪流、叠水、池塘等小规模水景营造为主，实际是完全以人工方式模拟的自然水景效果。

3. 装饰水景

装饰水景是指主要起到赏心悦目、烘托环境作用的水景，它们往往是景观的中心与焦点所在。装饰水景通过人工对水流的控制（如疏密、粗细、高低、大小、时间差等）达到艺术效果，并借助

▲ 图2.49　人工水池

▲ 图2.50　溪流水景

音乐和灯光的变化产生视觉上的冲击，其形式主要包括喷泉、瀑布、倒影池等。

（1）喷泉　是完全依靠设备喷射出各种水姿的水景形式。在住区环境中，喷泉可以作为一种"活雕塑"单独成景，也可以与其他景观元素一起共建环境。

首先，喷泉发出的或大或小的水声，以及运用背景音乐带给人们的听觉享受是变化多端的；同时，喷泉的色彩也是富于变化的，白天水色和自然光线结合，形成晶莹剔透的水雾，夜晚在灯光的照射下又形成色彩斑斓、变幻莫测的美妙景象；此外，根据不同地点和空间环境，对喷泉的速度、形态等还有着不同的设计要求，比如它可以是一个小型的喷泉，点缀在角落中，也可以是成组的大型喷泉，气势宏大，位于住区环境中央。

需注意的是，喷泉设计中，对水的喷射控制是关键，通过不同喷射方式的相互组合，喷泉可呈现出多姿多彩的水流形态，用于不同的场所空间（图2.51）。这里列出各种喷泉形式及其适用场所供参考（表2.19）。

▲ 图2.51　各种喷泉效果

表2.19 喷泉设计要点

名　称	主要特点	适用场所
壁泉	由墙壁、石壁和玻璃板上喷出，顺流而下形成水帘和多股水流	广场，居住区入口，景观墙，挡土墙，庭院
涌泉	水由下向上涌出，呈水柱状，高度0.6～0.8m左右，可独立设置也可组成图案	广场，居住区入口，庭院，假山，水池
间歇泉	模拟自然界的地质现象，每隔一定时间喷出水柱和汽柱	溪流，小径，泳池边，假山
旱地泉	将喷泉管道和喷头下沉到地面以下，喷水时水流回落到广场硬质铺装上，沿地面坡度排出。平时可作为休闲广场	广场，居住区入口
跳泉	射流非常光滑稳定，可以准确落在受水孔中，在计算机控制下，生成可变化长度和跳跃时间的水流	庭院，园路边，休闲场所
跳球喷泉	射流呈光滑的水球，水球大小和间隔时间可控制	庭院，园路边，休闲场所
雾化喷泉	由多组微孔喷管组成，水流通过微孔喷出，看似雾状，多呈柱状和球形	庭院，广场，休闲场所
喷泉盆	外观呈盆状，下有支柱，可分多级，出水系统简单，多为独立设置	园路边，庭院，休闲场所
小品喷泉	从雕塑伤口中的器具（罐、盆）和动物（鱼、龙）口中出水，形象有趣	广场，群雕，庭院
组合喷泉	具有一定规模，喷水形式多样，有层次，有气势，喷射高度高	广场，居住区入口

（2）瀑布　按其跌落形式可分为滑落式、阶梯式、幕布式、丝带式等，再配以山石、植物等共同构成组合景观（图2.52）。在住区水景中，瀑布可以作为装饰焦点，也可以构成空间背景，烘托环境氛围。设计中可通过瀑布的不同尺度，瀑布水流与造型产生的各种形式变化，以及改变水面高度、水流量、下部掩体的摆放角度等产生的不同声效，为住区居民带来视觉、听觉、心理的多重感官享受。

▲ 图2.52　瀑布水景

《居住区环境景观设计导则》（2006版）

　　8.2.3　瀑布跌水

　　① 瀑布按其跌落形式分为滑落式、阶梯式、幕布式、丝带式等多种，并模仿自然景观，采用天然石材或仿石材设置瀑布的背景和引导水的流向（如景石、分流石、承瀑石等），考虑到观赏效果，不宜采用平整饰面的白色花岗石作为落水墙体。为了确保瀑布沿墙体、山体平稳滑落，应对落水口处山石作卷边处理，或对墙面作坡面处理。

　　② 瀑布因其水量不同，会产生不同视觉、听觉效果，因此，落水口的水流量和落水高差的控制成为设计的关键参数，居住区内的人工瀑布落差宜在1m以下。

　　③ 跌水是呈阶梯式的多级跌落瀑布，其梯级宽高比宜3:2～1:1之间，梯面宽度宜在0.3～1.0m之间。

（3）倒影池　光与水的互相作用是水景景观的精华所在，倒影池就是利用光影在水面形成的倒影，扩大视觉空间，丰富景物的空间层次的水景方式。倒影池极具装饰性，可做得精致有趣，花草、树木、小品、岩石前都可设置倒影池。

倒影池的设计首先要保证池水一直处于平静状态，尽可能避免风的干扰；同时其池底最好是采用深色材料铺装（如沥青胶泥、黑色面砖等），以增强水体的镜面效果（图2.53）。

❹ 泳池水景

泳池水景是一种特殊的人工水景，住区内的泳池大多设于室外或半室外（设在架空层底部），也有设于室内的，可用作恒温泳池。一般来说，住区泳池不宜做成正规比赛泳池，而是大都采用比较流畅的曲线，显得自由活泼，可在岸边设

▲ 图2.53　倒影池

置人工海滩，并在池底铺贴花纹图案，丰富水景的色彩，使其具有较强的观赏性（图2.54）。泳池根据使用对象可分为儿童游泳池与成人游泳池，各自按照相应的要求进行设计。泳池周围应加强绿化种植，形成清凉环境，同时应提供更衣室以及休息、遮阳设施。

▲ 图2.54　泳池水景

❺ 枯山水

枯山水的造园手法源自日本，是受到佛教禅宗思想影响而形成的一种庭院景观；枯山水里实际没有水，而是使用常绿树、苔藓、沙、砾石等静止的元素来营造庭园，带来的是一种"一沙一世界"的精神感受。

枯山水能在没有水的条件下营造出自然山水的意境，往往寓意深远，给人以静思，作为一种特殊的"水体"也可用在住区景观设计中。比如在北方严寒地区，设计中可将水体设计浅一些，一方面可以节省大量的水，另一方面在冬季将水抽干后不会出现很深的"坑"，在这个基础上可以用枯山水的方式进行设计，是适应气候、一举两得的有效方式。

五、小区水体景观规划与设计

1. 小区水景规划与组织

（1）水景结构系统　在以水景为主题的小区景观开发中，水系贯穿于区内各空间环境，可看作是由点、线、面形态的水系相互关联与循环形成的结构系统。水体与绿化交相呼应，共同建立小区生态景观系统，其中大块面的水体充当着景观的基底作用；线状的水体作为系带，联系各绿化与水庭空间，建立景观次序；点状的水体是相对线、面的尺度而言的，主要起到装饰、点缀的作用（图2.55）。

▲ 图2.55　点、线、面水体效果

① 面——基底衬托。块面的水是指规模较大，在环境中能起到一定控制作用的水面，它常常会成为居住环境的景观中心。大的水面空间开阔，以静态水为主，在小区景观中起着重要的基底衬托作用，映衬临水建筑与植物景观等，错落有致，创造出深远的意境。在设计中，大的水面多选择设于小区景观中心区域或作为整个小区环境的基底，围绕水面应适当布置亲水观景的设施，水中可以养殖一些水生生物，有时为了突出水体的清澈，可在浅水区底面铺装鹅卵石或拼装彩色石块图案。

② 线——系带关联。线状的水是指较细长的水面，在小区景观中主要起到联系与划分空间的作用。在设计时，线状水面一般都采用流水的形式，蜿蜒曲折、时隐时现、时宽时窄，将各个景观环节串联起来；其水面形态有直线形、曲线形以及不规则形等，以枝状结构分布在小区内，与周围环境紧密结合，是划分空间的有效手段；此外，线形水面一般设计得较浅，可供孩子们嬉戏游玩。

同时，在设计中可充分利用线状水面灵活多变的优势，将其与桥、板、块石、雕塑、绿化以及各类休息设施结合，创造出宜人、生动的室外空间环境。

③ 点——焦点作用。点状的水是指一些小规模的水池或水面，以及小型喷泉、小型瀑布等，在小区景观中主要起到装饰水景的作用。由于比较小，布置灵活，点状的水可以布置于小区内任何地点，并常常用作为水景系统的起始点、中间节点与终结点，起到提示与烘托环境氛围的效用。

④ 点、线、面水体的综合规划。总的来说，在小区水景结构系统中，点水画龙点睛，线水蜿蜒曲折，池水浩瀚深远，各种不同形态的水系烘托出截然不同的环境感受。设计时，可通过块面、线状的水系并联与串联多个住宅组团，形成景观系统的骨架，也可看作是小区形态规划结构的重要组成部分；同时，对于水景各体系的组织应遵从一定逻辑，有开有合、有始有终、收放得宜，以多变

的语态促成丰富的水体空间形态（图2.56）。

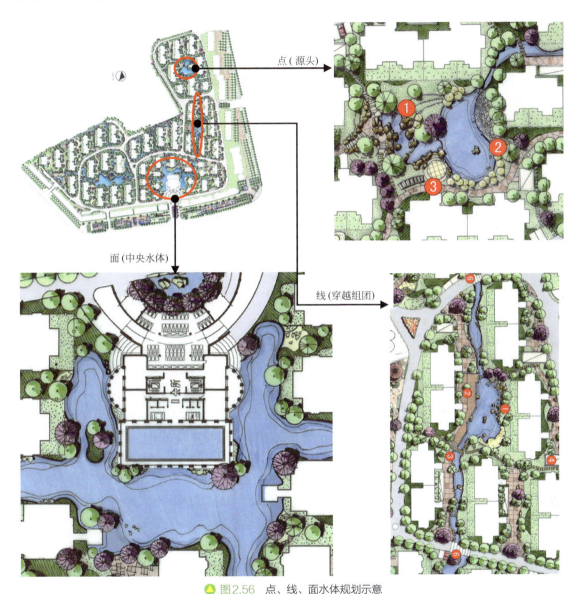

图2.56 点、线、面水体规划示意

（2）平面规划形式 水景的平面规划形式是就水体的边界平面形式而言的，可分为规则式与自由式两种基本形式。在小区水景规划中，可以规则式为主，可以自由式为主，也可将两者结合，刚柔并济，带来多样的水景空间感受。

① 规则式。规则式水体的边界呈几何规律形，如圆形、方形、椭圆形、花瓣形等，其面积一般都不大并且都是完全由人工建造而成。

规则式水体由西方园林的水景模式发展而来，以整齐简约的线条与适宜的比例关系使人感到典雅精致，在住区环境中多用于西式风格的设计中；另一方面，现代风格的设计注重点线面的构成关系，设计中多遵循一定的几何构图法则，因而规则式的水体设计也广泛用于采取现代风格的小区景观中。在居住环境中，规则式水体常常会给人以严肃的感受，设计中可运用植物、花坛、建筑小品等将其柔化，缓和其生硬感。

② 自由式。自由式水体相对规则式水体而言，其边界形式没有固定的几何形态，而是随意自由、曲折多变的。

自由式水体由中国园林的水景模式发展而来，在水体边界处多利用山石、块石来构筑驳岸，并配合地形起伏进行植物造景，目的是减少人工痕迹，体现自然山水之美。需注意的是，自由式水景设计绝不代表毫无规律，其水体的大致形态、走势、开合都是在一定秩序规划下完成的，看似无心，实则有意。

❷ 水景安全性设计

水景在给人以赏心悦目的同时，也带来一定的安全隐患，特别是在居住环境中，人员较为密集，且有很强的亲水要求，因此在强调亲水效果的同时，要特别加强安全措施，防止事故发生。

（1）水深设计　对于小规模水池、溪流而言，深度一般为0.2～0.4m，其中普通溪流坡度宜为0.5%，急流处为3%左右，缓流处不超过1%；对于可以涉人的溪流，水深应控制在0.3 m以下；在儿童嬉水区，池底应做防滑处理，避免障碍物与尖锐物，不能种植苔藻类植物，除此之外，还应保持水的洁净，防止儿童误饮池水。

对于较大水面（如人工湖等），当水体较深时，有可能导致儿童误入其中引发生命危险；当水体过浅时，又会降低自净能力，导致水质恶化，通常的处理方法是在距水岸2m左右以内的水底设置平缓的坡度，水深控制在较浅范围内；在2m以外的大面积水区，水深陡然加大，以保证应有的深度，使水体具备自净能力，并有利于湖中水生动、植物的生长。

（2）临水防护设施　住区内在控制水深的同时，还应考虑在临水区域布置适宜的防护设施。其一，可在临水处设护栏，对于开放式水体，可设自然缓坡或阶梯过渡至水面；其二，在临水行人区域宜选用表面防滑的面砖或石材，防止居民因脚底打滑而不慎落入水中；其三，对于个别深水区域，还应在水边加设警示牌等予以提示；此外，当溪流水深超过0.4m时，应设置相应防护设施。

（3）泳池安全性设计　住区泳池可分为儿童泳池和成人泳池，其中儿童泳池水深以0.6～0.9m为宜，成人泳池水深以1.2～2.0m为宜。儿童池与成人池可以考虑统一设计，一般将儿童池布置在较高位置，水经阶梯式或斜坡式跌落流入成人泳池，既保证了安全看护又可丰富泳池的造型；同时，在泳池岸边或水中如果设有花台、休息平台的，需经过打磨或作圆角处理，以防擦伤居民；此外，入口处和池岸边还必须作防滑处理，可铺设软质渗水地面或防滑地砖，以避免事故发生。

❸ 景观用水系统

（1）中水系统　中水主要是指城市污水或生活污水经处理后达到一定水质标准，可在一定范围内重复使用的非饮用水，中水还包括雨水、雪水等等。中水可用于厕所冲洗、园林和农田灌溉、道路保洁、洗车、冷却设备补充用水等；我国是水资源匮乏的国家，应大力提倡中水的使用。

在生态住区建设中，水景用水应尽量减少城市自来水供给，发展以雨水收集为主的中水系统，现在主要有以下几种方式：分散住宅的雨水集蓄利用中水系统，建筑群或小区集中式雨水集蓄利用中水系统，分散式雨水渗透系统，集中式雨水渗透系统，屋顶绿化雨水利用系统等。中水系统的利用可在节约用水的同时，起到防止水土流失和水涝，减少水污染和改善居住生态环境等作用。

（2）给水排水　小区的景观给水，一般用水点较分散，高程变化较大，通常采用树枝式管网和环状式管网布置。管网干管尽可能靠近供水点和水量调节设施，干管应避开道路（包括人行路）铺设，一般不超出绿化用地范围。

对于景观排水，要充分利用地形，采取拦、阻、蓄、分、导等方式进行有效排放，并考虑土壤对水分的吸收，注重保水保湿，利于植物生长。小区内与天然河渠相通的排水口，应高于最高水位控制线，防止出现倒灌现象。

给排水管宜用UPVC管，有条件的则采用铜管和不锈钢管给水管；水泵应优先选用离心式，采用潜水泵的必须严防绝缘破坏导致水体带电。

（3）浇灌水方式　对面积较小的绿化种植区和行道树使用人工洒水灌溉；对面积较大的绿化种植区通常使用移动式喷灌系统和固定喷灌系统；对人工地基的栽植地面（如屋顶、平台）宜使用高效节能的滴灌系统。

（4）水位控制　景观水位控制直接关系到造景效果，尤其对于喷射式水景更为敏感。在进行设计时，应考虑设置可靠的自动补水装置和溢流管路。较好的做法是采用独立的水位平衡水池和液压式水位控制阀，用联通管与水景水池连接。溢流管路应设置在水位平衡井中，保证景观水位的升降和射流的变化。

（5）水体净化　住区水景具有景观性（如水的透明度、色度和浊度）和功能性（如养鱼、戏水等）两个基本要求，水体应通过净化获得良好的水质，其方法通常有物理法、化学法、生物法三种，各种方法分类及其工艺原理见表2.20。

在住区水体净化中，特别提倡生物法的应用。其原理是植物在生长过程中，要不断地通过它们庞大的根系吸收水分和溶解水中的物质，从而大大减少水体中的污染物。许多水生和沼生植物，如凤眼莲、菱角、蒲草和芦苇等，对汞、砷、镉和镍等有害物质具有很强的吸收能力，并且其根系周围的微生物、原生动物、浮游生物集合在一起，可形成一个小型生态系统。

表2.20　水体净化分类及原理

分类名称		工艺原理	适用水体
物理法	定期换水	稀释水体中的有害污染物浓度，防止水体变质和富营养化发生	适用于各种不同类型的水体
	曝气法	①向水体中补充氧气，以保证水生生物生命活动及微生物氧化分解有机物所需氧量，同时搅动水体达到水循环。②曝气方式主要有自然跌水曝气和机械曝气	适用于较大型水体（如湖、养鱼池、水注）
化学法	格栅-过滤-加药	通过机械过滤去除颗粒杂质，降低浊度，采用直接向水中投化学药剂，杀死藻类，以防水体富营养化	适用于水面面积和水量较小的场合
	格栅-气浮-过滤	通过气浮工艺去除藻类和其他污染物质，兼有向水中充氧曝气作用	适用于水面面积和水量较大的场合
	格栅-生物处理-气浮-过滤	在格栅-气浮-过滤工艺中增加了生物处理工艺，技术先进，处理效率高	适用于水面面积和水量较大的场合
生物法	种植水生植物	以生态学原理为指导，将生态系统结构与功能应用于水质净化，充分利用自然净化与生物间的相克作用和食物链关系改善水质	适用于观赏用水等多场合
	养殖水生鱼类		

第六节 小品、设施景观

一、小品、设施景观构成

小品景观以游赏功能为主，对艺术审美的要求较高；设施景观首先是为了满足实际需求而设的，同时应考虑其景观效应，与小区整体环境相协调，有时通过出色的设计也能成为独具匠心的景观亮点。小品、设施的布置应结合居住规模与空间环境适量设置，并避免烟、气（味）、尘及噪声对居民的干扰；此外，应根据人体尺度及人在室外环境中的各种行为特点进行考量，以居民生活的安全、健康、舒适为设计目标。环境设施的分类情况及其主要内容见表2.21。

表2.21 住区小品、设施景观构成

小品景观	建筑小品		亭、廊、棚架、景墙、膜结构……
	雕塑小品		设于各环境空间的组合雕塑、单体雕塑等
	装饰小品		主要起到观赏点缀作用，如造型块石、水车、风车等各类小品
设施景观	公共服务设施	休息设施	凳、椅、桌……
		卫生设施	卫生箱、垃圾箱、洗手器、饮水器……
		信息设施	广告栏、宣传栏、指示牌、路牌……
		照明设施	道路照明、环境照明、特写照明……
	工程设施	台阶、坡道	考虑无障碍设计
		边界设施	围栏、围墙、护坡、挡土墙、道路缘石、车挡……
		排水设施	排水渠、雨水井……

二、小品景观设计

1. 建筑小品

建筑小品主要指一些小体量的建、构筑物，一方面具备建筑空间的功能要求，另一方面作为景观展示又应具有较强的艺术观赏性，其类型主要包括亭、廊、棚架、景墙以及膜结构小品等。也可称这些建筑小品为庇护性景观，这主要是针对其具有可进入的遮蔽性空间而言的。

（1）亭　是供居民休息、遮阳、避雨、观景的建筑，其特点是四周开敞，常常与山、水、绿化结合起来组景。亭的尺度应适宜，高度宜在2.4～3.0m，宽度宜在2.4～3.6m，立柱间距宜在3m左右；其形式、尺寸、色彩、题材等应与住区整体景观相适应；其建造材质以木、竹为主，也可选择砖石、混凝土或钢架等建造（图2.57）。

亭的建造位置一方面应选择在景致优美的地方，使入内歇脚的人有景可赏，留得住人；另一方面应考虑建亭后成为一处美景，起到画龙点睛的作用。明代造园家计成在《园冶》中说，"亭胡拘水际，通泉竹里，按景山颠，或翠筠茂密之阿，苍松蟠郁之麓"，可见在山顶、水涯、湖心、松荫、竹丛、花间都可筑亭，构成景观空间中美好的艺术效果。《园冶》中又说，亭"造式无定，自三角、四角、五角、梅花、六角、横圭、八角到十字，随意合宜则制，惟地图可略式也"，这是就亭的平面形式而言的；众多平面形式的亭，可与周边环境结合而形成各种组合与建造方式，其特点见表2.22。

（2）廊　是线形建筑元素，具有引导人流、视线，连接、划分空间，提供休息场所以及形态造景等多个功能；在中式园林风格建造中，廊可与亭、景墙等相结合，形成丰富变化，大大增加其观赏价值与文化内涵。

廊以有顶盖为主，根据平面形式可划分为直廊、曲廊、回廊等；根据分隔情况可划分为空廊、单廊、复廊等；根据层数可划分为单层廊、双层廊和多层廊（图2.58）。廊的材质一般来说应以木、竹、石等自然材料为主，也包括钢材、玻璃等人工材料。廊的宽度和高度设定应按人体尺度控制比例关系，避免过宽过高，一般高度宜在2.2～2.5m之间，宽度宜在1.8～2.5m之间。

▲ 图2.57　自然材质的凉亭

▲ 图2.58　双层空廊

表2.22　亭的各种建造方式

名　　称	特　　点
山亭	设置在山顶和人造假山石上，多属于标志性
靠山半亭	靠山体、假山建造，显露半个亭身，多用于中式园林
靠墙半亭	靠墙体建造，显露半个亭身，多用于中式园林
桥亭	建在桥中部或桥头，具有遮风避雨和观赏功能
廊亭	与廊连接的亭，形成连续景观的节点
群亭	由多个亭有机组成，具有一定的体量和韵律
凉亭	以木制、竹制或其他轻质材料建造，多用于盘结悬垂类蔓生植物，亦常作为外部空间通道使用

此外，还有一种特殊的柱廊，是只运用柱的排列构成的特殊廊式空间，一般无顶盖或在柱头上加设装饰构架。柱廊的间距一般较大，纵列间距4～6m为宜，横列间距6～8m为宜，多用于住区主入口或中心广场处。

（3）棚架　棚架与廊的区别在于是只有支架、没有屋顶的构筑物，其顶部多由植物覆盖而产生庇护作用；有遮雨功能的棚架，可局部采用玻璃或透光塑料覆盖。棚架具有分隔空间、连接节点、引导视线的作用，在小区中常作为藤类植物攀援生长的支架，形成遮阳屏障；其下可安设休息长椅，供居民休息观景。

棚架根据其外形与结构可分为门式、悬臂式以及各种组合式，其高度宜为2.2～2.5m，宽度宜为2.5～4m，长度宜为5～10m，立柱间距宜为2.4～2.7m（图2.59）。

▲ 图2.59 棚架效果示例

（4）景墙　是小区内用于分隔、引导空间的构筑物，同时应具有较强的观赏性。其外观材质主要包括各种天然文化石材、卵石、面砖、铁艺、玻璃、金属等，设计时应注意满足结构安全，尺度、造型应与空间环境相契合，并可与其他建、构筑物进行组合设计。小区内，低矮的景墙可作为空间的分割与引导，较高的景墙可开挖洞口，作为人员通行以及框景、漏景之用（图2.60）。

▲ 图2.60 景墙效果示例

（5）膜结构　膜结构小品是以张拉膜、支撑杆与拉索共同构成的遮挡物。张拉膜表层光滑，具有弹性与较好透光性，由于其结构特殊，能够塑造出轻巧多变而飘逸的形态，可设于小区中露天平台、水池区域、聚会场所等位置作为庇护物。

住区内的膜结构设计应适应周围环境要求，不宜过于夸张；同时应重视膜结构的前景和背景设计，膜结构一般为银白色，因此可以借蓝天、较高的绿树或具有色彩的建筑物为背景，形成对比，前景可留出较开阔的场地，并可设计水面，突出其倒影效果，还可结合泛光照明营造出富于想象力的夜景效果。

❷ 雕塑小品

住区中的雕塑小品是通过雕刻、雕塑加工而完成的造型实体，主要表现视觉艺术效果，有时也附带一定简单功能。就雕塑的材质而言是多种多样的，包括黏土、金属、石材、木材等；雕塑的表现形式更是千姿百态，有具象、抽象，有浮雕、透雕，有单体雕塑，也有组合雕塑，手法夸张，造型生动。

各类雕塑在居住环境中应用广泛，例如很多小区把雕塑设置在入口广场的中心，以雕塑的寓意体现小区风格与主题；而浮雕、透雕，则往往配合墙体（如围墙、景墙）设置，可丰富墙体造型和渲染氛围；又或者将雕塑结合小区水池、花坛设计，或点缀在绿地、草坪之中等（图2.61）。

▲ 图2.61 雕塑小品与环境的融合

设计时应注意，居住环境中的雕塑体量应适中，让人产生亲切感；稍大的雕塑应放置在较宽阔的景观空间中，给以足够的观赏距离。雕塑景观的创造需要景观设计师与雕塑家密切合作，共同完成。

3. 装饰小品

装饰小品主要是指一些起到点缀、应景作用的小品景观，一般不承担实用功能，与雕塑小品相比，其创意与制作都较为简单，甚至可直接采用一些工业成品等。这类小品着重于生活场景的营造，如草坪上的造型块石，溪流一端的造型水车，宽阔绿地上的木质风车等（图2.62）。

▲ 图2.62 装饰小品示例

三、设施景观设计

1. 休息设施

居住环境是小区居民的露天客厅，休息设施则可看作是客厅中的沙发，主要包含露天的椅、凳、桌等，是小区中的服务性设施。

休息设施的布置应分散在小区环境中的各个位置，可与花坛、草地、树池、水池、亭、廊、景墙、台阶等相结合，有利于居民在休息中观赏环境，同时应讲究布置的组合形式，形成有利于观看、攀谈、独坐静思等各种需求的氛围；其造型设计应遵从人体工学的原则，满足舒适性要求，并应与其他设施共同形成统一的风格形象；其材质可以是石材、混凝土、金属、木材、PVC、玻璃钢等，各种材料可以结合使用，尽量满足舒适、美观、耐用的综合要求（图2.63）。

▲ 图2.63 小区休息设施示例

2. 卫生设施

卫生设施主要包括垃圾桶、洗手器、饮水器等。

垃圾桶虽然体量不大，但功能性强，容易受到污染，其安放位置可通过绿化、花坛等适当隐蔽，同时要便于居民使用；其设计或选取应以功能为出发点，具有适度容量、方便投放、易于回收与清除，同时通过巧妙构思与环境匹配；此外，垃圾桶的数量应与居住密度、人流量相对应，安放距离不宜超过50～70m，一般为30～50m。

在具备条件的小区，还可在室外环境中安设洗手器、饮水器等卫生服务设施，设计中应兼顾便于清洁与造型美观两方面，可放置于运动场地、中心广场等公共活动场所周围。

3. 信息设施

信息设施是居住环境传播信息的主要媒介，同时也是设施景观的构成要素，主要包括小区名牌、提示牌、设施标志、路标、路牌以及宣传栏、报栏等。这些设施有的单独设置，也有的与灯具、小品等结合设置；设计中应特别注意信息的表达方式，通常简洁明了、色彩鲜明，以便于识别（图2.64）。

（1）导示类　小区内起到导示作用的信息设施主要包括各种道路标志如路标、路牌等。这些设施一方面可以给小区居民与到访者提供方便；同时，通过统一的设计还可为小区景观增添亮点，提升小区的整体内涵。各种路标、路牌等道路标志，应设置在驾驶员和行人容易看到，并能准确判读的醒目位置；一般可设在车辆行进方向道路的右侧或分隔带上，不得侵入道路的界限，距交叉口有一定的距离，其标志牌面的下缘通常至路面的高度为1.8～2.5m。

（2）告知类　这类信息设施主要通过识别、告知的方式为小区居民提供各种相关的环境信息，对环境的性质、内容、安全性等进行提示与警示，其内容包括小区名牌、停车场标志、住宅单元楼号、提示注意牌、安全警示牌等。

▲ 图2.64 小区信息设施示例

（3）宣传类 宣传类信息设施主要包括一些便民类的广告栏、宣传栏、报栏等，一般安设于小区入口、住宅楼栋入口或者主要道路及其交叉口附近，方便居民在出入小区时就能获取相关信息。

4. 照明设施

住区照明具有增强物体辨别性、提高夜间出行安全度、保证居民晚间活动正常开展，以及营造环境氛围、展现装饰效果等功用；按照照明方式可分为车行照明、人行照明、场地照明、装饰照明、安全照明与特写照明，其各自的适用场所及照明设计要求可参考表2.23中所述。

表2.23 照明分类与设计要点

照明分类	适用场所	参考照度/Lx	安装高度/m	注意事项
车行照明	居住区主次道路	10～20	4.0～6.0	①灯具应选用带遮光罩下照明式。②避免强光直射到住户屋内。③光线投射在路面上要均衡
	自行车、汽车场	10～30	2.5～4.0	
人行照明	步行台阶（小径）	10～20	0.6～1.2	①避免眩光，采用较低处照明。②光线宜柔和
	园路、草坪	10～50	0.3～1.2	
场地照明	运动场	100～200	4.0～6.0	①多采用向下照明方式。②灯具选择应有艺术性
	休闲广场	50～100	2.5～4.0	
	广场	150～300		
装饰照明	水下照明	150～400		①水下照明应防水、防漏电，参与性较强的水池和泳池使用12伏安全电压。②应禁用或少用霓虹灯和广告灯箱
	树木绿化	150～300		
	花坛、围墙	30～50		
	标志、门灯	200～300		
安全照明	交通出入口（单元门）	50～70		①灯具应设在醒目位置。②为了方便疏散，应急灯设在侧壁为好
	疏散口	50～70		
特写照明	浮雕	100～200		①采用侧光、投光和泛光等多种形式。②灯光色彩不宜太多。③泛光不宜直接射入室内
	雕塑、小品	150～500		
	建筑立面	150～200		

各种照明方式的实现依托于各类灯具设施，在居住环境中，根据安装位置与用途可分为高杆路灯、门灯、园灯、草坪灯、地灯以及各种装饰照明灯具如喷泉灯、花坛灯、泛光灯、轮廓灯等。各类灯具应结合景观总体特征进行设计与选配；同时，灯具也是加强识别性的重要因素，应注意区别不同区域的灯具造型，在统一的格调中使其各具特色，从而更好地衬托、装点环境和渲染气氛（图2.65）。

▲ 图2.65 照明灯具示例

5. 工程设施

（1）台阶、坡道　台阶与坡道是连接不同地面高差的主要设施，同时还起到丰富空间层次、引导视线、形成景观效果的作用（图2.66）。

▲ 图2.66 台阶景观示例

① 台阶设计要点。台阶的踏步高度（h）和宽度（b）是决定台阶舒适性的主要参数，两者的关系如下：$2h+b=60cm+6cm$ 为宜，一般室外踏步高度设计为12～16cm，踏步宽度30～35cm，低于10cm的高差，不宜设置台阶，可以考虑做成坡道。

台阶长度超过3m或需改变攀登方向的地方，应在中间设置休息平台，平台宽度应大于1.2m，台阶坡度一般控制在1/4-1/7范围内，踏面应做防滑处理，并保持1%的排水坡度。为了方便晚间人们行走，台阶附近应设照明装置，人员集中的场所可在台阶踏步上暗装地灯。过水台阶和跌流台阶的阶高可依据水流效果确定，同时也要考虑儿童进入时的防滑处理。

② 坡道设计要点。坡道是交通和绿化系统中重要的设计元素之一，直接影响到使用和感观效果。住区道路最大纵坡不应大于8%；园路不应大于4%；自行车专用道路最大纵坡控制在5%以内；人行道纵坡不宜大于2.5%。坡度设计与适用场所见表2.24。

表2.24　坡度设计与适用场所

坡度/%	视觉感受	适用场所	选择材料
1	平坡，行走方便，排水困难	渗水路面，局部活动场	地砖，料石
2～3	微坡，较平坦，活动方便	室外场地，车道，草皮路，绿化种植区，园路	混凝土，沥青，水刷石
4～10	缓坡，导向性强	草坪广场，自行车道	种植砖，砌块
10～25	陡坡，坡型明显	坡面草皮	种植砖，砌块

　　坡道设置与无障碍设计相关，住区内轮椅坡道的坡度一般为6%以下，最大不宜超过8.5%，并采用防滑地面；无障碍坡道的最小宽度宜为1.2m，如考虑轮椅与行人通行的方便，最小宽度应在1.5m以上，并于坡道的上下两端，设置深度在1.8m以上的休息会车平台；无障碍坡道两侧应设置5cm以上的路缘石，并应在坡道上设置两组栏杆，其高度应分别为65cm和85cm。

（2）排水设施　主要用于排除地面雨水，包括排水渠、边沟与雨水井，其排水过程为通过排水渠与道路边沟收集雨水，汇入雨水井，然后进入地下排水管道系统。其中，排水渠可采取明渠与暗渠两种方式；边沟断面多采用L形、U形或缝形边沟。排水设施设计应根据当地降雨量参数确定其尺度，并注意应方便清理，外露的部分可运用铺装方式形成装饰效果，并注重色彩的整体搭配。

（3）边界设施

① 围墙与围栏。围墙主要是指界定小区与外部空间，并起到保障小区安全作用的边界墙体。随着智能、电子监控设备的安装，围墙的安全功能已大大削弱，因此在高度上有所降低；同时随着人们对交往需求的提高，现在的围墙设置通常与围栏相结合，或是选用通透的玻璃材质，或直接使用围栏的形式，使小区内外在视线上通透。

围墙设计应符合小区的整体基调，其建造材质包括砖石、玻璃、金属等，设计中可通过多种材质的组合以及多种造型手法，形成多样的围墙形式。如在围墙上安置花坛，或在半高的墙体上安置铸铁栏杆或玻璃等（图2.67）。

围栏是分隔空间的重要设施，较之围墙更为通透，其立面构造多为栅状和网状、透空和半透空等形式。围栏一般采用木制、铁制、钢制、铝合金

▲ 图2.67　围墙示例

制、竹制等，其竖杆的间距不应大于110mm。

此外，栏杆具有拦阻与分隔空间的功能，是特殊的围栏。栏杆大致可分为三种：一是矮栏杆，高度为30～40cm，不妨碍视线，多用于绿地边缘，也用于场地空间领域的划分；二是高栏杆，高度在90cm左右，有较强的分隔与拦阻作用；三是防护栏杆，高度在100～120cm以上，超过人的重心，起到防护围挡作用，一般设置在高台的边缘，满足安全要求。

② 护坡、挡土墙。挡土墙的形式应根据建设用地的实际情况经过结构设计确定。其结构形式主要有重力式、半重力式、悬臂式和扶臂式，其形态主要有直墙式和坡面式。

挡土墙的外观质感由用材确定，并直接影响挡墙的景观效果。毛石和条石砌筑的挡土墙应注重砌缝的交错排列方式和宽度；预制混凝土预制块挡土墙应设计出图案效果；嵌草皮的坡面上需铺上一定厚度的种植土，并加入改善土壤保温性的材料，利于草根系的生长。

挡土墙必须设置排水孔，一般为每$3m^2$设一个直径75mm的排水孔，墙内宜敷设渗水管，防止墙体内存水。钢筋混凝土挡土墙必须设伸缩缝，配筋墙体每30m设一道，无筋墙体每10m设一道。常见挡土墙技术要求及适用场地见表2.25。

表2.25 挡土墙技术要求及适用场地

挡墙类型	技术要求及适用场地
干砌石墙	墙高不超过3m，墙体顶部宽度在450～600mm，适用于可就地取材处
预制砌块墙	墙高不应超过6m，这种模块形式还适用于弧形或曲线形走向的挡墙
土方锚固式挡墙	用金属片或聚合物片将松散回填土方锚固在连锁的预制混凝土面板上，适用于挡墙面积较大时或需要进行填方处
仓式挡土墙／格间挡土墙	由钢筋混凝土连锁砌块和粒状填方构成，模块面层可有多种选择，如平滑面层、骨料外露面层、锤凿混凝土面层和条纹面层等。这种挡墙适用于使用特定挖举设备的大型项目以及空间有限的填方边缘
混凝土垛式挡土墙	用混凝土砌块垛砌成挡墙，然后立即进行土方回填。垛式支架与填方部分的高差不应大于900mm，以保证挡墙的稳固
木制垛式挡土墙	用于需要表现木质材料的景观设计。这种挡土墙不宜用于潮湿或寒冷地区，适用于乡村、干热地区
绿色挡土墙	结合挡土墙种植草坪植被。砌体倾斜度宜在25°～70°，尤适于雨量充足的气候带和有喷灌设备的场地

③ 道路缘石。路缘石设置的功能为确保行人安全、进行交通引导、保护种植以及区分路面铺装。路缘石可采用预制混凝土、砖、石块等材料，高度以100～150mm为宜。区分路面的路缘，其铺设高度应整齐统一；绿地与混凝土路面、花砖路面、石砌路面交界处可不设路缘；与沥青路面交界处应设路缘。

④ 道路车挡、栏柱。车挡、缆柱是限制车辆通行与停放的路障设施，可分为固定式和可移动式两种。车挡材料一般采用钢管和不锈钢制作，高度为70cm左右；通常设计间距为60cm；但有轮椅和其他残疾人用车地区，一般按90～120cm的间距设置，并在车挡前后设置约150cm的平路，以便轮椅的通行。

缆柱分为有链条式和无链条式两种。缆柱可用铸铁、不锈钢、混凝土、石材等材料制作，缆柱高度一般为40～50cm左右，可作为街道坐凳使用；缆柱间距宜为120cm左右。带链条的缆柱间距也可由链条长度决定，一般不超过2m。缆柱链条可采用铁链、塑料链和粗麻绳制作。有些缆柱侧面或顶面设有照明灯具，便于夜间识别。

 本章小结

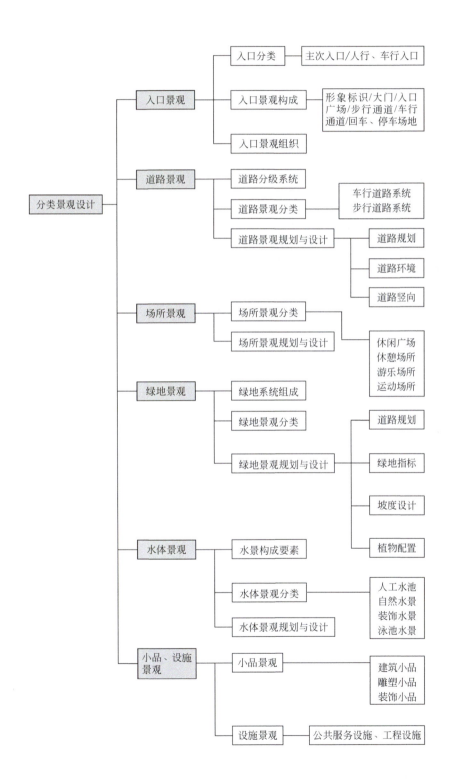

单元作业

思考题

1. 小区入口景观的分类有哪些？应如何组织入口景观设计？
2. 小区道路景观的功能、分类有哪些？各类道路景观的设计要点是什么？
3. 小区休闲广场的功能与设计要点是什么？
4. 如何组织小区绿地与水体景观？
5. 小区植物配置应关注与解决哪些问题？

设计实作

1. 小区主入口景观设计。
2. 小区步行景观道设计。
3. 小区中心绿地规划设计。
4. 小区整体水景规划设计。

第三章
小区景观建设与设计实务

 知识目标

- 了解小区景观的建设要素与建设程序
- 了解小区景观设计流程的基本要求

 能力目标

- 熟悉与掌握小区景观建设相关的法规规范

本章内容首先阐述小区景观的建设体系，以便从工程建设控制的宏观角度对小区景观建设过程作一个基础了解。

建设过程中，从设计决策到编制、审批设计文件的工作，是涉及小区景观设计流程的部分。与小区规划及建筑设计的流程一样，这是一个逐步深化的过程，可分为前期设计、方案设计、初步设计以及施工图设计几个阶段。在本书第四、五章节将就这一系列流程中分别应该做些什么以及应该如何绘制图纸等要求进行分述，本章仅作简介，以便对此过程建立起一个整体认识。

第一节 小区景观建设体系

一、小区景观建设要素

1. 规划条件

各个规划条件是进行小区景观建设的首要因素，会对景观的规划与建设产生重要影响，其内容主要包括以下几个方面。

（1）建设项目选址意见书 是进行小区景观建设的直接主导条件，它是由城市规划行政主管部门根据城市规划的分区、管网、环境因素、历史保护等综合因素拟定的，其中会对项目名称与性质、用地红线、用地条件、建设规模以及各项建设指标等具体规划要求进行相关说明与规定，这将作为小区规划以至小区景观建设必须遵循的原则贯穿整个工程建设的始终，除特殊情况外一般不做更改。

（2）用地条件 是进行小区景观建设的物质基础条件，在设计与建设之前要进行仔细的研究与分析，其内容主要包括两方面：一是用地内的地形、地貌、植被等地质条件与声、光、热等物理条件，可通过地勘报告、实地勘察获得相关资料与信息；二是用地范围内、外的城市规划关联条件，如城市水、电、通信等管网的规划与布置，会直接影响用地内与外的管网连接方式，又如用地周边的城市道路状况，有无公园绿地、商业设施等，会直接影响景观的布置与规划方式。

（3）规划的特殊要求 是指根据用地及周边环境的各种特殊情况，需要在设计与建设中考虑和解决的问题，如用地位于何种城市片区，用地内有无需保留的历史建筑、有无需保留的古树名木等，应采取具体问题具体解决的方法。

2. 法规规范

在小区景观的整个建设过程中，各个阶段均应遵循国家及地方制定的各种法规规范的要求，这是一个基本原则。我国的法规主要可分为三个层次，在建设中各个层次应同时遵守。

（1）由全国人大及其常委会通过发布的法律 相关的主要包括《中华人民共和国城市规划法》、《中华人民共和国招标投标法》、《中华人民共和国环境保护法》、《中华人民共和国城市房地产管理法》等。

（2）由国务院发布的行政规定以及由国务院各部委发布的规章制度 相关的主要包括《建设工程勘察设计管理条例》、《建设工程质量管理条例》、《城市绿化条例》、《中外合作设计工程项目暂行规定》、《城市园林绿化企业资质标准》、《城市古树名木保护管理办法》、《城市居住区规划设计规范》、《城市绿化工程施工及验收规范》等。

（3）由地方人大制定的地方法律以及由地方行政部门制定并发布的地方规章制度 这主要根据各地区地域特点与发展情况等进行制定，在具体建设过程中，地方性的法规规范起着极其重要的指导作用。如重庆地区实行的相关法规规范有《重庆市城市园林绿化条例》、《重庆市园林绿化工程施工监理试行办法》、《重庆市园林绿化工程招标投标实施细则》、《重庆市园林景观规划设计单位资质认定办法》、《重庆市都市区城市建设项目配套绿地管理技术规定》等。

3. 工程造价

景观工程的造价是指进行景观项目建设所花费（指预期花费或实际花费）的全部费用，即建设该项目所需全部固定资产投资费用和无形资产投资费用以及铺底流动资金的总和。工程造价与景观设计之间起着相互制约的作用，对施工建设起着控制性作用，为了适应项目管理的要求，其计算需要按照建设程序中各个规划设计和建设阶段多次性进行计价。计价过程如图3.1所示。

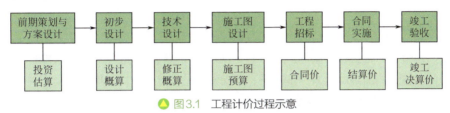

 图3.1 工程计价过程示意

4. 设计、施工控制

小区景观的设计阶段在整个建设过程中，占据着十分重要的主导地位，应聘请具备相应资质与技术实力的设计单位、审核机构分别进行各阶段的设计与审核，并各自承担相应的职责。

在设计文件通过审批后进入施工阶段，这是整个景观建设过程中把握质量与效果的重要环节。所谓"三分设计，七分施工"，在施工过程中，应聘请具备相应资质与技术实力的建设单位承接施工实务，施工方与设计方在进行图纸、技术交底以后，还应加强沟通与合作，使景观工程最终能够按照设计方的想法得以实现；同时应实行监理机制，聘请监理机构对整个建设过程的选材用料、施工技术、施工方法、施工人员素质等各个方面进行监理，从而使工程质量得以保证。

二、小区景观建设程序

小区景观建设的基本程序是指从规划、设想、设计、施工到竣工验收、交付使用及使用后评价的整个过程中各项工作遵循的先后顺序。小区景观建设属于小区规划建设项目其中的一个单项工程，其建设包含于小区规划建设项目之中，根据小区建设的基本步骤，可将其划分为以下几个主要程序。

（1）设计决策 小区景观的设计决策是指以小区规划及建筑设计的内容为基础，综合考虑用地条件、景观效应、环境效益、工程造价以及可持续发展、后期运作等因素而得出的景观设计的总体策划，决策的过程可聘请策划公司进行多方位的调研、分析与总结，并会同设计单位结合前期设计进行整体考量，从而获得相对优化的设计方向。

（2）编制、审批设计文件 在决策后即开始编制报批的设计文件，应由具备相应资质的设计单位按照国家及地方规定的政策和有关的设计规范、建设标准、定额进行编制；一般来说，可分为方案设计、初步设计与施工图设计三个阶段，并编制相应的投资估算、初步设计概算与施工图预算。

小区景观设计文件的编制工作应在小区规划及建筑设计文件编制的同时或稍后进行，或者在小区规划及建筑设计从方案到施工图的编制全部完成后再进行；一般来说，小区景观设计的审批应作为一个独立的部分，按各阶段的设计文件要求提交城市建设管理部门进行审核。

（3）建设前准备工作 在项目初步设计文件获得批准后，就可以逐步开展各项施工前的准备工作了，主要包括：组建筹建机构，征地、拆迁和场地平整；落实与完成施工用水、电、路等工程和外协条件；组织设备和特殊材料的订货，落实材料供应；准备必要的施工图纸，组织施工招标投标、选定各单项工程的施工单位，签订承包合同、确定合同价；报批开工报告等工作。

（4）施工、验收 开工报告获得批准后，进入开工建设阶段，施工承包单位应按照施工图规定的内容和工程建设要求进行施工，并应在施工过程中，确保工程按合同要求、合同价如期保质完成施工任务，编制和审核工程结算。小区景观的施工大多在建筑主体结构与维护结构工程完成后开展；其施工顺序应为地下、半地下及地面结构工程，综合管线工程，铺装与覆土绿化工程，设施与设备的安装工程。

在按照审批通过的设计文件所规定的内容全部建成以后，应进行竣工验收。竣工验收是全面考核开发成果、检验设计和工程质量的重要环节，是开发成果转入流通和实用阶段的标志。竣工验收应由城市绿化主管部门组织设计方、施工方、监理方等共同参与，按照施工图与相关建设要求进行审核；工程经过验收合格后，才可交付投入使用。

（5）使用后评价 是指在项目建设完成，投入正常使用以后（一般为2～3年后），对该项目进行总结评价，并编制后评价报告的环节。后评价报告的基本内容包括：使用效益实际发挥效用情况；建设的技术水平、质量和市场销售情况；投资回收、贷款偿还情况；经济效益、社会效益和环境效益及其他需要总结的经验。小区景观的使用后评价应属于小区建设项目使用后评价的子系统，通过后评价，可对项目中存在的问题进行一定程度的调整与改善，并为以后类似项目的规划建设提供相关的建设依据与数据支持。

第二节 小区景观设计流程

 一、前期设计

小区景观的前期设计是指在方案设计之前的一个资料搜集与构思整理的阶段，应看作是小区前期整体规划的一个组成部分，在有条件的情况下应与小区前期整体规划同步进行。

前期设计的文件编制主要供开发方及设计方作内部讨论使用，其过程主要是通过与开发方进行交流沟通，获取相关信息，并进行现场踏勘，收集、整理各种资料，进行综合分析，然后根据小区规划及建筑设计的相关内容进行设计构思，绘制概念性草图，最后提交相应的设计成果。这一阶段以讨论多种设计可能性为主，着重于解决各主要矛盾，其设计文件可作为进行投资估算的初步参考依据。

 二、方案设计

方案设计是指在前期设计的基础上，继续深化构思，解决各种具体问题，并最终落实到图纸内容的设计过程。在方案设计阶段，结构、给排水、电气等各个工种应参与到具体设计中，为景观设计提供相关技术支持。

方案设计的文件编制，应包含设计总说明、各专业说明、经济技术指标以及方案相关的分析图、设计图及效果图等，其内容是进行投资估算的依据。

三、初步设计（技术设计）

初步设计文件编制是在方案设计文件的基础上，各个工种协同配合，从尺寸、材料、做法等各个方面进行深化和细化的过程，并应满足施工图设计与施工前期相关准备，部分植物、材料和设施、设备的订购等要求。

在初步设计阶段，应根据初步设计的总体布置、主要用材和设施、设备清单等，编制景观工程的设计概算。经过批准的设计概算是景观建设项目的造价控制的最高限制，一般来说不得超过已批准的投资估算的10%，否则应重新报批。

根据项目的规模及复杂程度等情况，在初步设计之后，可加入技术设计阶段，这个阶段是介于初步设计与施工图设计之间的中间环节，主要是就初步设计中的技术疑难点，进行局部详细设计，从而为施工图设计做好铺垫。

四、施工图设计

施工图设计文件的编制是在初步设计文件的基础上，补足各详图设计文件，确立最终细节做法及尺寸，确定各项指标要求，完成各个工种的全面完善的成套图纸与文件说明。小区景观的施工图纸应能提供场地、结构、管线、铺装、绿化、安装等工程的施工配置依据，满足植物、小品设施、建设材料、构配件及设备的购置和非标准构配件及非标准设备的加工等要求。

在施工图设计阶段，应根据施工图确定的工程量，编制施工图预算，经过审批的施工图预算，不应超过设计总概算。施工图预算是签订工程建设承包合同、进行工程价款结算的依据，对于实行招标的工程项目，是确定标底的基础。

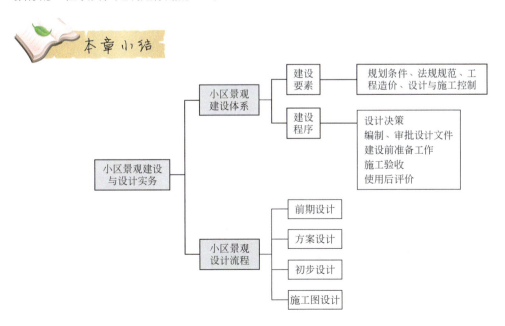

 单元作业

思考题

学习、理解各相关法规规范。

第四章
住区景观方案设计

住区景观方案设计能力，是学习者需要掌握的核心能力。要掌握这种必要的技能，除了对前面章节论述的基础知识进行理解和记忆外，在这一章节应更侧重思维方法的学习、锻炼，才能举一反三，获得自己动手进行住区景观方案设计的能力。

在实际工作中，接受一个住区景观项目的方案设计任务后，并不是马上就开始方案构思，在这之前有一个非常重要的过程，即准备工作（包括任务书阅读、勘察现场、与甲方交流等）。此外，在整个方案构思过程中，会用到逻辑思维与图示思维、形式美法则及空间构成等基本常识。只有经过以上内容的充实，才能正式开始进行设计构思。在构思完成后，还需要了解一下正式文本的图纸基本构成。所以本章由以下四个部分组成：住区景观方案设计的前期准备；住区景观方案设计的构思基础；住区景观方案设计的构思过程；住区景观方案设计的文本构成。

知识目标

- 了解方案设计前期需要做哪些设计准备
- 了解方案设计所需的基本常识，如设计目标、构思方法、图形思维、空间与形式法则等
- 了解方案构思、生成的基本过程
- 了解住区景观方案设计中各个局部的设计基本要求

能力目标

- 掌握运用图示思维进行简单方案构思的能力
- 掌握方案整体初步构思的能力
- 掌握主要分区设计的构思能力

第一节　设计前期准备

一、规划及建筑资料

进行住区景观方案设计，如同裁缝给客户做衣服，如果对客户的身形尺寸都不了解，想做出合体的衣服将十分困难。住区景观设计也是同样的道理，所以在方案设计开始之前，首先要做的就是资料收集。

依据相关法规及甲方意愿形成的设计任务书，以及住区规划、建筑设计图纸，是住区景观方案设计的关键资料，能提供相当丰富和具体的信息。不仅包括宏观信息如住区所在地点、住区规模大小、住区地块形式、住宅建筑类型（高层、洋房或别墅等），还包括一些微观信息如住区出入口大小、住区楼栋间距、公共广场尺度、水体位置、车库出入口位置、车道宽度及布局等，而且这些设计制约因素一般不允许景观设计师做颠覆性调整。

这里将南方某市多层洋房高档住宅小区的景观方案设计任务书节选及图纸示意（图4.1）作为案例展示如下。

说明：
1. 此图为全部资料中部分示意（本项目为二期，一期在北面，业态相同）；
2. 项目建筑全部为6+1层洋房住宅；
3. 中心广场等区域在车库顶上；
4. 小区内地形总高差不大，但变化丰富。

图4.1　某项目规划及建筑总图

1 项目概况

1.1 ××项目位于××，东邻××，西临××，南至××，北接××。总地形为××，主要为××地貌。

1.2 本项目用地面积约为××平方米，其中：住宅用地面积××平方米，商业用地面积××平方米，公共绿化面积××平方米。

1.3 ××项目位于××项目二期用地范围内，景观设计范围如下：

地块编号	用地面积/m²	绿地率	用地性质	备注
1	××	30%	商业	
2	××	100%	公共绿地	
3	××	35%	住宅	

2 设计依据及基础资料

2.1 设计依据

2.1.1 《中华人民共和国合同法》、《中华人民共和国建筑法》、中华人民共和国《建筑工程设计文件编制深度规定》（2003）

2.1.2 国家及地方有关建设工程勘察设计管理法规和规章

2.1.3 建设工程相关批准文件

2.1.4 《居住区环境景观设计与设计规范导则》（2006）

2.1.5 《城市道路绿化规范与设计规范》CJJ 75—1997

2.1.6 《居住区绿地设计规范》DB11/T 214—2003

2.1.7 《园林基本术语标准》CJJ/T91—2002

2.2 基础资料

2.2.1 全套规划设计图纸、现状地形图电子文档各一份

2.2.2 其他必要的设计资料

3 工作内容及目标

3.1 工作范围

××项目全部用地范围内的整体景观设计

3.2 工作内容及目标

工作内容包含现场踏勘及项目研讨会，概念设计及汇报、景观方案设计及汇报。

3.2.1 基地踏勘及项目研讨会

乙方按项目计划赴基地进行基地踏勘和分析，随后与甲方项目相关人员启动项目研讨会议，明确甲方对于项目的市场定位，与甲方探讨项目现状，并通过现场图示方式对项目的建筑整体规划、空间关系及不同用地之间的关系进行评估并提出建议。

目标：评估总图，适时地为建筑规划布局提出建设和意见，确保有一个良好的景观空间；确立景观设计方向、设计原则，风格定位等基本策略，避免设计思路发生偏差。

3.2.2 景观概念设计阶段

在第一阶段基本达成的共识的基础上，乙方进行景观概念设计。在此阶段乙方应提出2~3个概念性的草图及相关意象图并与甲方讨论选择并将其中一个制作成此阶段成果。

目标：确定景观主题，空间体系，景观序列，景观特征要素及景观亮点；进行场地平面布局，竖向关系组织，交通组织及视线组织；确定软景造景原则及手法。形成下一阶段设计的依据。

3.2.3 景观方案设计阶段

在概念设计阶段确认的原则下，乙方进行整体景观方案设计。本阶段乙方应与甲方共同讨论并确定各种景观空间（开放空间、半开放空间、私密空间等）内的平面布局，景观元素组织，竖向关系梳理，场地景观亮点形式（喷泉、水景、雕塑），软景布局的空间关系，软景效果意向及基调树种骨干树种。

目标：完成景观空间的特征塑造，表达概念阶段确定的设计思想；限定景观要素的尺度、材质、色彩等清晰表达设计效果，使整个小区得以呈现一致的景观风格并以指导下一阶段设计、成本估算。

......

4 景观设计成果要求

4.1 尺寸应以公制单位标注

4.2 设计中间交流及设计成果中提交图纸的所有文字均应为中文简体

4.3 概念阶段设计成果要求

文本为A3图册七份，含以下内容的光盘一份。

4.3.1 设计要点景观主题文字说明

4.3.2 建筑规划布局分析

4.3.3 景观设计条件分析

4.3.4 彩色总平面图

4.3.5 平面布局意向图

4.3.6 平面分析图（功能、空间、交通等区位关系）

4.3.7 竖向关系分析图（色块图+整体空间的剖立面）

4.3.8 重要景观场地设计意向图片及场地剖面

4.3.9 绿化及景观分析图（软景概念，包括种植手法、植物特征要求）

4.3.10 工作模型1:500~1:1000

4.3.11 概念方案汇报稿PPT

4.4 方案阶段设计成果要求

文本为A3图册八份，包含以下内容的光盘一份。

4.4.1 设计关键点文字说明

4.4.2 彩色景观方案总平面图（含主要技术经济指标）

4.4.3 分析平面图（包括区位分析、交通分析、景观及视线分析、功能分析等）

4.4.4 重要景观区域放大工作模型（1:200~1:300）

4.4.5 分项平面图（包括竖向设计平面图、功能分区平面图、主要物料平面图、景观小品、景点要素及服务设施平面布置图等）

4.4.6 场地纵、横断面图（应针对重要的景观断面绘制断面图，需反映景观空间的各项要素：尺度比例、重要高程、地面地下空间利用、周边道路、植物等）

4.4.7 景观立面图（应结合建筑及街道景观进行绘制，需明确反映景观与建筑及周边的体量大小及竖向关系）

4.4.8 效果表现类图纸

4.4.9 城市家具及导示系统参考选型照片

4.4.10 方向性植物布置平面图（表达空间关系、色彩关系、群落关系、标志树种位置等）

4.4.11 重要景观场地软景效果图或立面图、夜间照明效果设计图

4.4.12 基调树种、骨干树种、特色树种品种表及效果要求图示

4.4.13 CAD景观总平面图

……

二、与甲方沟通交流

优秀的景观设计师，需要与甲方交流，以准确、全面、深入地了解其需求。在地产行业日益成熟的我国，住区的建设大多由商业化程度比较高的房地产公司来进行运作，许多地产企业已有专业的设计管理人员与景观设计单位或景观设计师进行交流。因此住区景观设计与其他类型的景观设计（如公园、道路景观设计）有所不同，其建设方这一投资主体的专业度是需要景观设计师特别重视的。由于这些甲方的专业人士对其自身的住区项目更为了解，也清楚地产公司的各方面要求（如企业建设标准等），因此与甲方专业人员的交流也是极其重要的。

与甲方的交流目的重点在于了解规划及建筑图纸以外的信息。比如项目销售所针对的目标人群的喜好禁忌，当地城市或区域特点、甲方是否有自己的个性想法等。比如，在理解并消化了图4.1所示案例的任务书后，在这个具体的项目上与甲方交流又得到了如下更为详细的信息（仅针对此案例项目）。

① 本项目以"欧陆小镇风情"为整体规划概念基础，在考虑怎样体现此规划理念的同时，设计应充分利用现有地形的高低错落、建筑风格的配合以及规划空间的布局处理，以营造欧陆小镇高尚居住环境的生活氛围。

② 主次入口的设计必须尽显高尚住宅小区的气派。

③ 配置植物时应考虑植物的成活率和易采购性；水体边不应布置落叶植物；植物布置图采用高、中、低分层表示，以便清楚植物的空间效果。

④ 应考虑景观软、硬景的设置与建筑立面效果的配合，尤其是山墙等建筑立面效果不强的区域。应考虑利用景观解决相邻建筑对视的问题。

三、到现场踏勘感受

直观感受现场地形、气候、水文、周边环境及建筑空间等；现场的环境条件，规划及建筑图纸中表达很有可能并不完整。比如项目周边地块是否有良好的视野及绿化环境、地块中是否可以利用的水源及岩石等景观资源。甚至有项目为景观设计确保传统文化的延续，还请专业景观设计单位到现场进行专项调研，将现场所有值得保留的植物、与文化有关的元素绘制成图纸，再作为设计条件提供给景观设计师参考。常见的现场踏勘了解的信息如下。

① 地形地貌特点：是平地还是坡地，坡度大小，场地土壤及岩石分布等，更为详细的还可以增加地质水文方面的信息。

② 声光热及嗅觉环境：项目所在地的气候条件，如主导风向、常年气温。项目周边是否有交通、工厂噪声。是否周边存在垃圾站等污染源等。

③ 周边景观：项目所在地的周边景观，不利的条件（如嘈杂商业、公墓等）需要回避而有利的条件（如风景良好的公园）需要利用。

④ 人文环境：项目所在地的人文特点，项目客户的个性喜好、风俗习惯也非常重要。

四、资料的综合分析

在获取了必要的资料后，还需要进一步进行综合分析。综合分析的目的是区分将纷繁复杂的设计限制条件进行分类的过程，其分类原则是"轻重缓急"的原则。

所谓"轻重"是指：哪些设计制约因素是影响设计的主要矛盾，哪些是可以忽略的次要矛盾。

所谓"缓急"是指：哪些矛盾是在设计开始的时候就需要引起重视，而哪些矛盾又是可以在后期可以逐步完善而前期方案可以不需要过分关注的。

第二节　方案构思基础

在资料综合分析完成后，对于经验丰富的设计师而言，一般就可以开始进行方案设计了。但这里需要补充一些必要的常识，以便刚开始学习住区景观方案设计者能更好地理解掌握构思过程。

一、设计构思目标

无论采用何种构思方法与设计手段，最终都要创造出适宜居住的住区景观环境，这就是方案设计要达到的终极目标。当然在住区景观设计的实践中，人们在追求终极目标的同时也会提出其他一些次要目标，比如经济的、生态的、人性化的、自然的、体现地域特色的景观方案等。限于篇幅，这里不一一详述，仅就创造宜居的景观环境做初步介绍。

（1）光环境　是住宅小区环境中极为重要的组成之一。一般而言，热量主要来自于太阳的辐射热（直接、间接）。人们多希望在冬天能享受良好的阳光照射，而在夏天炎热的季节又能避免过多的阳光烧灼（特别是对于重庆等城市）。另一方面，为保证室内有合适的天然光照度以减少电灯的开启，在开窗见绿的同时，人们又不希望窗外的树木完全遮挡光线。所以合理地进行绿化配置达到营造良好住区光环境是设计的重要目标。

《居住区环境景观设计导则》（2006版）

2.2.1 住区休闲空间应争取良好的采光环境，有助于居民的户外活动；在气候炎热地区，需考虑足够的荫庇构筑物，以方便居民交往活动。

2.2.2 选择硬质、软质材料时需考虑对光的不同反射程度，并用以调节室外居住空间受光面与背光面的不同光线要求；住区小品设施设计时宜避免采用大面积的金属、玻璃等高反射性材料，减少住区光污染；户外活动场地布置时，其朝向需考虑减少眩光。

2.2.3 在满足基本照度要求的前提下，住区室外灯光设计应营造舒适、温和、安静、优雅的生活气氛，不宜盲目强调灯光亮度；光线充足的住区宜利用日光产生的光影变化来形成外部空间的独特景观。

（2）风环境　也是住宅小区环境中极为重要的组成之一。住宅建筑因体型一般较植物高大，对风环境的形作用更大，但是植物对局部风气候的影响仍然是不可忽视的。对于重庆这样的城市，在闷热的夏季如果有良好的通风，居住的舒适度要提高许多，因此景观设计中需要根据对项目条件中风环境存在问题进行分析，加强住宅自然通风，遮挡不利的自然风；在上海等城市，冬天寒冷季节要尽量遮挡寒冷的西北风。

《居住区环境景观设计导则》（2006版）

2.3.1 住区住宅建筑的排列应有利于自然通风，不宜形成过于封闭的围合空间，做到疏密有致，通透开敞。

2.3.2 为调节住区内部通风排浊效果，应尽可能扩大绿化种植面积，适当增加水面面积，有利于调节通风量的强弱。

2.3.3 户外活动场的设置应根据当地不同季节的主导风向，并有意识地通过建筑、植物、景观设计来疏导自然气流。

2.3.4 住区内的大气环境质量标准宜达到二级。

（3）声环境　是指住区内噪声量的大小。由生活经验知道，小区内过分嘈杂的环境不仅让人难以休息，而且也让人难以集中注意力进行学习或工作、娱乐，更严重的是，长期的噪声环境还会对人们的生理、心理造成严重的影响。环境噪声超过55分贝时，人会感到吵闹；长期接触85分贝以上的噪声，40年后耳聋发病率为21%；90～130分贝时，人耳朵发痒、耳朵疼痛；130分贝以上时，人耳膜破裂、耳聋。所以应充分利用植物布置等手段达到防噪的目的（尤其是与住宅相邻的城市道路、工业区、商业区噪声）。

《居住区环境景观设计导则》（2006版）

2.4.1 城市住区的白天噪声允许值宜≤45dB，夜间噪声允许值宜≤40dB。靠近噪声污染源的住区应通过设置隔音墙、人工筑坡、植物种植、水景造型、建筑屏障等进行防噪。

2.4.2 住区环境设计中宜考虑用优美轻快的背景音乐来增强居住生活的情趣。

（4）温度、湿度环境　气温、气压、相对湿度、风速四个气象要素对人体感觉影响最大，人体舒适度指数就是根据这四项要素而建成的非线性方程。夏季室内一般要求相对湿度（30%～60%）、风速（0.1～0.7m/s）。良好的环境景观方案设计能较好调节住区的温度、湿度环境。举例来讲，住区内如有合适的水体，则能在干燥的季节提升环境的湿度。

《居住区环境景观设计导则》（2006版）

2.5.1 温度环境：环境景观配置对住区温度会产生较大影响。北方地区冬季要从保暖的角度考虑硬质景观设计；南方地区夏季要从降温的角度考虑软质景观设计。

2.5.2 湿度环境：通过景观水量调节和植物呼吸作用，使住区的相对湿度保持在30%～60%。

（5）嗅觉环境　如果在住区的景观方案中，适当布置带有香味的植物，那么居住氛围就更令人愉悦。尤其是繁花似锦之时，花香弥漫令人如在花园之中。相反，如果住宅周边有刺激性气味的污染源，景观设计中考虑遮挡或者是吸收臭味的植物也是非常必要的。要注意的是，植物本身也不是全部像桂花那样带香味的，也有些植物的气味并令人愉快，甚至可能会导致人过敏（如鱼腥草等）。

《居住区环境景观设计导则》（2006版）

2.6.1 住区内部应引进芬香类植物，排斥散发异味、臭味和引起过敏、感冒的植物。

2.6.2 必须避免废异物对环境造成的不良影响，应在住区内设置垃圾收集装置，推广垃圾无毒处理方式，防止垃圾及卫生设备气味的排放。

（6）视觉环境　作为与人体感受密切相关的景观元素，住区视觉环境的设计同样非常重要。这意味着，如何设计并布置植物使居住者获得良好的视觉感受，也需要在方案中引起关注。在视觉环境构思上，有许多经典的例子可以借鉴。如中国古典园林中的"山重水复疑无路，柳暗花明又一村"，或者是西方园林中将视线引向标志性雕塑的方法，都可以说是视觉环境设计经典手法。人眼视觉与空间特性，可以参考后文"空间的尺度感"等部分内容。

视觉环境的设计，不仅局限于空间的遮挡、围合、开敞，还包括视线所及的植物、界面的色彩及质感等多种要素。比如，当面对一栋住宅建筑单调的山墙时，如果在山墙上种满爬山虎，那么效果就完全不同。

《居住区环境景观设计导则》（2006版）

2.7.1 以视觉控制环境景观是一个重要而有效的设计方法，如对景、衬景、框景等设置景观视廊都会产生特殊的视觉效果，由此而提升环境的景观价值。

2.7.2 要综合研究视觉景观的多种元素组合，达到色彩适人、质感亲切、比例恰当、尺度适宜、韵律优美的动态观赏和静态观赏效果。

（7）人文环境　对于才开始学习住区景观设计的初学者而言，这部分的内容难度相对更大一些。难点在于对人文环境的理解。广义的人文环境涉及的面非常广泛，包括本地居民习惯爱好甚至风俗、人文历史遗迹等各个方面（参见图4.3）。为了便于理解，这里可以狭义地从两个方面入手。其一是保护文物古迹，不论是古树名木还是历史遗迹，都是需要在住区景观设计中注意保护的和利用的；其二是本地区的特征习俗需要尊重，比如重庆市的市树为黄葛树，在需要展现重庆地域特色的住宅小区里就可以适当采用，以作为一定的地域文化象征。

《居住区环境景观设计导则》（2006版）

2.8.1 应十分重视保护当地的文物古迹，并对保留建筑物妥善修缮，发挥其文化价值和景观价值。

2.8.2 要重视对古树名树的保护，提倡就地保护，避免异地移植，也不提倡从居住区外大量移入名贵树种，造成树木存活率降低。

2.8.3 保持地域原有的人文环境特征，发扬优秀的民间习俗，从中提炼代表性设计元素，创造出新的景观场景，引导新的居住模式。

二、方案构思方法

从对住区景观设计的种种限制条件的思考和应对，落实到景观方案图上的线条及图形，这中间的过程就是方案构思过程。这个过程比较复杂，方法也多种多样，最为常见的两种构思方法如下。

1. 原型模式法

对于比较有经验的景观设计师而言，在进行一些比较常见的住区景观设计时，由于多次重复性的设计，可总结研究出一些共性的内容，进而形成所谓的"模式"（图4.2），有了这些模式以后，就可以不断进行一定范围内的复制。或者是根据某一设计理念，形成景观设计"原型"（图4.3），再将"原型"作为思路进行设计。

模式及原型的运用受设计师的经验所限制，高水平的设计师能提炼更好的原型或总结出更好的模式，而且在运用的时候也会更合理。但是并不是所有的设计师都能达到这个水平。尤其是对于刚开始接触景观的设计者而言，要在一开始就提炼很好的"原型"或者形成自己的"模式"是很困难的，要合理运用也有一定难度。但是作为一种常用的设计手法，仍然需要了解（后文构思过程会用到）。

105

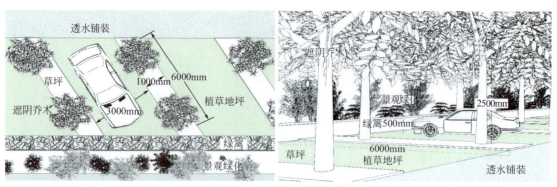

▲ 图4.2　某住区生态停车场模式（根据这一模式可以不断复制停车场）

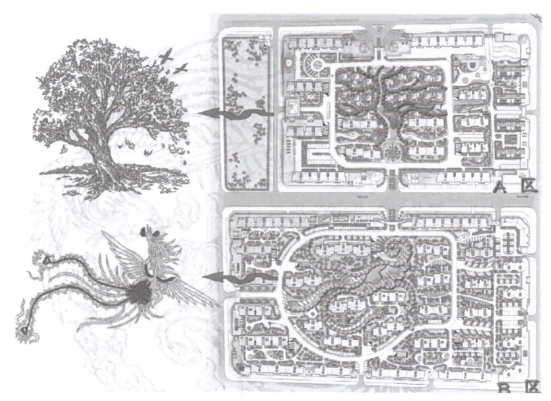

▲ 图4.3　以"神木"与"凤凰"作为景观造型"原型"的住区景观设计，反映地区文脉

❷ 问题解决法

方案构思的过程，也可以理解为将一个个问题解决后综合形成思路、图纸的过程。例如地形高差问题，如果是人行走的通道上有较大高差，那么要让行人能够顺利通行，则必须要考虑一个台阶或者坡道，甚至是自动扶梯；再如水体周边需要考虑居民的活动，则可以设计必要的活动空间；又如为居民提供的休憩空间，一般情况下就需要考虑座椅以及遮挡风雨的设计等。

不仅是以上这些细节性的"点"可以通过分析问题进行设计，更为宏观的构思也能从项目需要解决的问题着手找到方向。比如作为绿色环保示范型住区项目，其住区景观也应该有从环保角度出发进行的设计；再如住宅建筑外观如果是西班牙风格，那么作为景观设计一般情况下就应考虑采用西班牙风格的来协调与呼应。由此就可根据项目面临的主要矛盾确定构思的主题所在。可以说，这是设计师在入门阶段所必须掌握的，也是比较有操作可行性的设计方法。后文在住区景观方案设计构思过程的解析中将展示这一方法的具体运用。

三、图形思维过程

将方案构思理解为解决问题的过程，实际上是运用的逻辑思维，也就是通过"分析条件"→"找出主要问题"→"找出解决办法"→"完善次要矛盾"→"得到方案"的思维过程。但是这一思维过程并不是设计专有的，人们生活学习中经常会用到这样的逻辑思维。而方案设计思维的特点，则是图形思维。

"设计"本来的意思就是"通过符号把计划表达出来"，所以人们常说设计师的语言是图形，既是指把思想上的意图表示为可见的内容。图解思考可以通过绘制客观而清晰的视觉形象来利用视觉感受力，通过纸面上的表现得到原本在大脑中的模糊形象，从而使超越时间的景观设计构思得以存在，使得构思能够具化为大家都能看到的形体，以便推敲、分析、交流、保存。

在设计过程中，设计师对问题的理解和解决方案几乎是同步进行的，并不存在某种先后顺序。正是借助了设计草图（图4.4）的手段，分析与综合行为才能够相互交融。设计师的思考与表达贯穿在整个设计过程中，图解思考能力的强弱决定了设计创造力的发挥，设计师造型表达的能力也直接影响着图解思维的进行和正确性，表达准确的图解能够有助于表达对象的艺术能量迅速顺畅地释

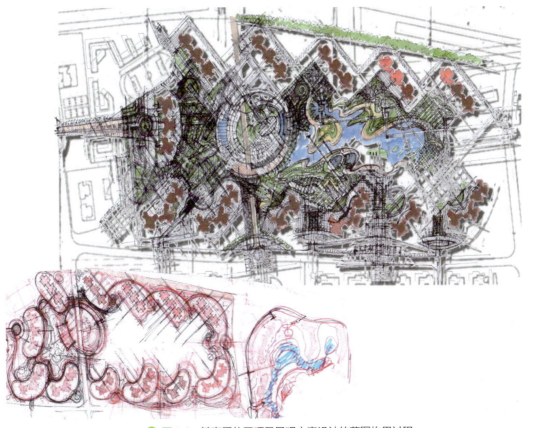

▲ 图4.4 某高层住区项目景观方案设计的草图构思过程

放。设计草图对设计师设计思维的提升是不争的事实，一些设计大师一生都在不停地练习、运用设计草图。

四、空间形式法则

在运用图形思维结合逻辑思维进行方案构思的同时，设计者还必须要掌握形式美的法则和空间感知两个景观艺术设计的基础原理，才能把方案构思做好。由于大多数情况下，这两部分知识都会有相关的课程进行专门讲解，因此这里仅作简要的归纳和复习。

（一）形式美法则与景观构图

（1）统一与变化　统一意味着部分与部分以及整体之间的和谐关系；变化则表明期间的差异。统一应该是整体的统一，变化应该是在统一的前提下有秩序的变化。过于统一会单调乏味，变化过多则容易杂乱无章。

（2）对比与相似　相似是由同质部分组合产生的，可以产生统一的效果，但往往显得单调。对比是异质部分组合时由于视觉强弱的结果产生的，其特点与相似相反。形体、色彩、质感的差异表现了设计者的个性，表达了强烈的形态情感，主要表现在量（多少、大小、长短、宽窄、厚薄）、方向（纵横、高低、左右）、形（曲直、钝锐）、质感（光滑与粗糙、软硬、轻重、疏密）等；

（3）均衡　均衡时部分与部分或与整体间的视觉平衡，有对称平衡和不对称平衡两种形式，前者是静态的，后者是动态的。对称平衡是最规整的构成形式，具有强烈的秩序感，用于表达庄严、单纯、气派等情感，一般用于入口或部场所。不对称均衡构图灵活，具有动态感，较为自然。

（4）比例与尺度　比例是构图中的部分与部分或整体间产生联系的手段。在自然界中，但凡有良好功能关系的物体都具有良好的比例关系。例如人体（图4.5）、动物、树木、机械和建筑物等，常用的比例为黄金分割比，平方根矩形等。

（5）韵律与节奏　韵律是某些要素有规律地连续重复产生的，如园林中的廊柱，粉墙上的连续漏窗等都具有韵律节奏感。重复是获得节奏的重要手段，简单的重复单纯、平稳；复杂的、多层面的重复中各种节奏交织在一起，有起伏、动感，构图丰富，但应使各种节奏统一于整体节奏之中。韵律还可以分为：简单韵律、渐变韵律、交错韵律等。

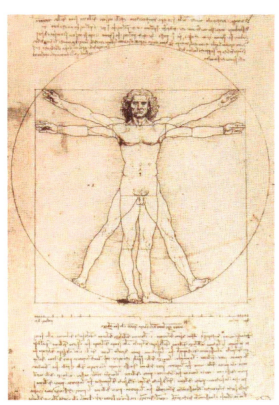

▲图4.5　达芬奇绘制的人体比例尺度关系

（二）空间的感知与人类心理

所谓空间，就是指实体之外的部分。比如说教学楼建筑是实体，教室、过道、楼梯间这些地方都是空间，只有有了空间，才能有人的进入和活动并产生心理上的感受。对于任意一个立方体空间而言，其底面、顶面及四边一共有六个面限定了空间的形态。限定空间的面越少，空间的限制感觉就越弱，就越开阔。由空间限定的强度人们将其分为：闭合空间、中界空间、开放空间。

1. 人对空间的感知

指空间的形态、大小、比例、方向等对人产生的视觉心理影响。

（1）空间的方向感　不同的空间形式具有的空间效果会给人以不同的方向感。锥形空间有上升感；方形空间给人停留感；圆形空间有高度的向心性给人团聚的感觉，是一种集中型的空间形式；矩形空间具有明显的方向性和流动的指向性，水平的矩形空间给人舒展的感觉，垂直的矩形空间使人产生上升感等。

（2）群体空间的张力　群体空间是指三个及以上的集合空间，包括序列空间和组合空间。序列空间包括按照轴线展开的序列空间，具有庄严肃穆的空间效果；自由组合的序列空间有前奏、过渡、高潮、尾声等序列，具有自由活泼的空间效果。组合空间也分规则排列和自由散点等形式。

（3）空间的尺度感　指对空间大小的体验。人在不同的大小的空间中，感受有巨大的差异。这方面其实多数人都有一定的感受，比如身处无边的旷野，人们会感到自由、放松、无助等；在巨大的教堂空间内，人们会感到自身的渺小；在狭小的卧室内，人们会感到安全、亲切等。研究发现，眼睛到物体间的距离——即视距（D），与人对物体高度（H）有直接的关联（图4.6）。当$D/H=1$时，人的注意力集中在物体细部，空间封闭感好；$D/H=2$时，可以看清物体全貌，是观察整体的最佳视角；当$D/H=3$时，人容易感知物体全貌，但空间封闭感较弱，当$D/H>3$时，空间感基本丧失，所以人在旷野中会有无方向、无空间围合等感受。

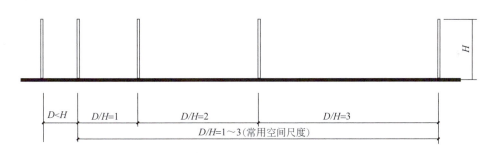

▲ 图4.6　视距D与物体高度H关系示意图

（4）空间的质感　物体表面质感不同给予人的感受不同，粗糙的花岗石厚重、粗犷、朴实，光滑的玻璃金属让人感觉精致、洁净、冰冷。在景观设计实践中，常常会用到多种质感进行组合已产生丰富的景观感受。一般情况下，粗、中、细质感的比例宜为1：3：5或者2：4：6，且必须要有其中一个质感在量上占优势，以形成整体感；一个物体最好不要超过3种以上的质感，否则容易感觉凌乱。

（5）空间的层次感　人们在生活的许多方面都有层次的概念。比如小说，一般会先做背景介绍，让读者逐步了解人物、环境以后再逐步展开故事情节；再如人们见面聊天，也会先打招呼再逐步深入寒暄，这些都是有层次的。住区景观设计也是如此，从人们进入小区开始，就会经历入口、道路、广场、住宅等空间序列，经历从公共—半公共—私密的空间层次，这个过程同时又是嘈杂的—中间性的—安静的、动态的—中间性的—静态的等（空间层次在后文会进一步阐述）。

2. 人的心理空间

人们在使用空间时会带有某种心理倾向（图4.7），不符合这种心理倾向不会产生吸引力，它包括个人空间与人际距离、领域性、私密性。

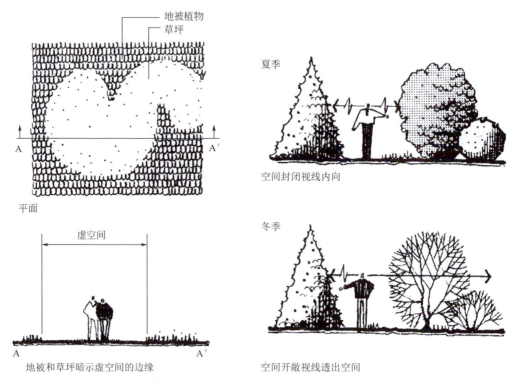

▲ 图4.7　景观空间处理对人的心理感受影响

（1）个人空间　心理学家发现，每个人身体周围都存在一个既不可见又不可分的空间范围，对这一范围的侵犯与干扰将会引起人的焦虑不安，这个神秘的"气泡"随身体移动而移动，它不是人们的共享空间，而是心理上个人所需要的最少空间范围，也叫身体缓冲区。

（2）人际距离　个人空间的大小不是固定的，在不同情况下会相当悬殊，它受人们相互关系的影响，这又产生了人际距离的概念，具体如下。

① 亲昵距离。距离为15～45cm，一般不用于公共场合，仅用于家人之间。

② 私交距离。距离为45～120cm，一般为师生、好友之间，是伸手可以触摸的距离。

③ 社交距离。距离为1.2～3.6m，一般为商业与社交活动常用距离。

④ 公共距离。距离为3.6m以上，主要用于演出、仪式，教师讲课也常为这个距离。

（3）领域性　自然界的动物常常划分自己的领域空间，人类也有一些无意识的行为倾向。在办公室里，某人的办公桌通常被默认为这个人的私有范围，贸然侵入通常代表不友好的行为。

（4）私密性　私密性使人具有个人感，在这个区域人们可以按照自己的意志支配环境充分表达情感而不用担心影响其他人，或者被其他人看到、干涉。通常住宅的卧室或者景观休闲区要特别注意人的私密性要求。

第三节　方案构思过程

在掌握了问题解决法、有一定图示思维能力，了解了构思的目标、空间与形式的法则后，就可以进入到正式的方案设计构思环节，这是要求掌握的核心技能，也是本书最重要的部分之一。

先要区分概念设计与方案设计，以便明白本节所讲的范畴。概念设计其实也是方案设计的一种，只是要求更为粗略，一般是因为甲方需要尽快看到方案初步成果而增加的一种简化方案设计类型。它与方案的区别在于，如果说方案设计需要在解决主要矛盾以后将一些次要问题也解决的话，概念设计则仅关注主要矛盾的解决，以提高方案设计的时效。尽管概念设计仅解决主要矛盾而且成果要求也比较粗略，但主要的构思过程及难度几乎与方案设计一致，所以这里重点介绍方案设计构思过程，掌握了方案设计构思过程，概念设计过程就容易掌握了。

其次，方案的构思分为前后两个部分：先要有方案整体的构思，然后才是整体之下各个部分（入口、道路、场所、水体、设施、植物）的构思。这种从宏观到局部的构思方式是极为重要的，因为如果宏观构思解决了主要问题，那么各个局部的深入构思就不会出现大的方向错误。反过来，如果先是各个局部的构思完成，再最后来拼接成整体，不仅难以把握大的方向，也很难得到一个完整、系统的整体方案，这常常会导致方案的失败，因此从整体到局部、从宏观到微观是必须掌握的设计方法。

方案的整体构思过程一方面是逻辑思维的过程，另一方面也是图示思维的过程，这一过程如果不是借着案例，是很难解释清楚的。但是案例的选择也有局限，因为单个的案例很难把所有住区景观的类别表现出来，既要兼顾别墅（顶级业态）、洋房（中高级业态）、高层（高级业态）住区；也要兼顾社区级、小区级、组团级规模的不同；还要兼顾人车分流、人车混流、人车局部分流等流线方式不同；还要考虑有无水体、南方北方区位、不同地域风俗等所有与住区景观设计相关的设计要素。所以只能选择一个面积适中的住区景观方案，以把构思的主要过程简略地展示出来为目的（工程实践中考虑及处理的问题更为详细得多）。对于其他实践项目，只可借鉴思维过程及方法，不能不假思索地把结果照搬过去。

这里以本章第一节示例任务书所属的南方某市的多层洋房住宅项目为案例进行方案构思过程的展示。需要强调的是，以下部分阐述重点是思维方法。

一、如何看任务书

任务书是设计者得到的核心资料之一，在构思前需要首先将第一节的任务书通读一遍。先看项目概况部分，任务书用比较程式化的方式，罗列了一些项目的地点、面积大小等，这里只需要有一个的项目大小的概念在脑海里即可；其后是设计依据、设计资料，其与住区景观设计相关的法规，应该在平时设计中积累；任务书第四部分是关于方案完成的图纸形式，也可以先放一放，等构思完成了再来看。

任务书第三部分与项目关系最密切，是关于方案（概念）设计工作内容与目标的，要注意其表达："明确甲方对于项目的市场定位，与甲方探讨项目现状，并通过现场图示方式对项目的建筑整体规划、空间关系及不同用地之间的关系进行评估并提出建议","目标:评估总图,适时地为建筑规划布局提出建设和意见,确保有一个良好的景观空间;确立景观设计方向、设计原则、风格定位等基本策略,避免设计思路发生偏差"。这暗示甲方并不是在任务书中说明设计方案应该是什么样结果(结果应该是设计师通过构思得到的),而是要求设计师先对甲方提供的总图(以及相关规划建筑资料)进行理解、消化,在进入概念及方案设计之前,通过项目启动会的形式进行交流沟通,以确保设计方法不会出现大的偏差。

二、理解图纸资料

在了解了任务书以后,要开始阅读甲方提供的项目总图以及相关建筑资料(图4.1)。这里,首先要明白是设计什么样业态的住宅景观,是否有过这种业态的居住生活经验,是否知道甲方对这种业态的期望,考察过多少这种业态的居住小区景观环境。如果没有,那么就不仅要看图纸资料,也最好去类似的项目感受一下。如果对这种住宅业态完全不了解,缺乏必要的背景知识,可能会使得景观设计找不到正确的方向。

本案例(本章第一节中),是一个纯粹花园洋房的项目。所谓花园洋房,是指介于最高端的别墅业态(2~3层)以及一般的高层住宅(10~30层)小区之间的住宅类型(业态)(住宅业态的区别,见本书第一章节有关内容),其住宅都是6层左右的低矮建筑,通过丰富的、个性化的建筑外立面创造丰富的住宅空间环境(图4.8),而且大多由于经济的考虑被设计为板式布局(图4.1)。因为

▲ 图4.8 丰富的洋房建筑造型

住宅仅有6层（高约18m），根据国家相关的关于住宅采光、消防间距规范要求，两个成板式的住宅之间的间距也大约为15～18m宽，这就构成了洋房住宅景观设计项目最主要的空间特点：线状空间（$D/H≈1$）（图4.9）。

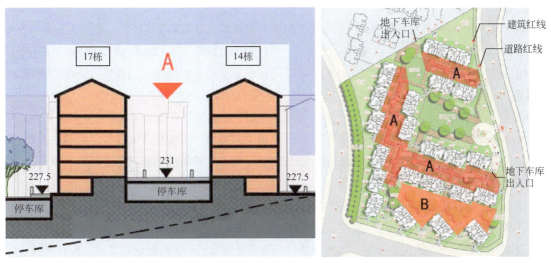

▲ 图4.9　图中A空间为板式住宅的空间，在平面中分布为线性分布（这里称为线状空间）。B空间可以视为A空间的线性变异。从此图可以看出，洋房住区中线状空间分布，是整个小区空间主体。

花园洋房住区景观还有两个明显的特点。其一，从图4.8可以看出洋房住宅的建筑立面造型不仅丰富，而且受市场或者甲方的意愿影响，大多采用了典型的欧陆风格。为体现这一建筑风格，住宅建筑立面采用了大量欧式元素，如红瓦坡顶、窗边木百页、原木构架、米黄色的外墙涂料、基座文化石、屋顶烟囱等。景观设计如何与其协调，将成为设计必然面对的主要矛盾之一。其二，洋房作为仅次于别墅业态的住宅类型，为保证有限的室外空间可以作为业主生活、休闲的绿色空间，大多采用严格的人车分流（参见图4.9），从这个项目来看，汽车基本上是刚进入小区（留有一个下客位），就立即通过汽车坡道进入了地下车库，而汽车车库顶上做1.5m左右厚度覆土进行绿化。这样的做法，不仅保证了汽车不会对业主的休闲活动造成干扰，而且也争取到了最大化的室外景观活动空间。

三、甲方交流信息

构思之前的资料收集方法中，很重要的是与甲方沟通交流。本章第一节列举了部分与甲方交流沟通的结果，但这些沟通得到的信息哪些是在方案阶段要考虑的主要矛盾，哪些是方案构思之后的矛盾呢？这就需要综合分析。

① 本项目以'欧陆小镇风情'为整体规划概念基础，在考虑怎样体现此规划理念的同时，设计应充分利用现有地形的高低错落、建筑风格的配合以及规划空间的布局处理，以营造欧陆小镇高尚居住环境的生活氛围。——是对整个项目景观设计的要求，例如"欧陆风情"、"地形错落"、"生活氛围"等，都是针对整个项目而言的要求，而不是对某一景观局部的要求，这样的要求在最开始进行设计构思的时候就要考虑。这与之前根据花园洋房的一些普遍经验判断的，花园洋房的建筑造型特点是一致的，所以可以综合起来，将"欧陆风情"作为设计要求的主要矛盾之一。

② 主次入口的设计必须尽显高尚住宅小区的气派。——是对景观局部的要求，在整体构思阶段可不作为主要矛盾去解决，但在下阶段的局部设计中要引起充分重视。需强调一下，入口景观通常是住宅景观面对业主及其他外来人员的第一位置，为保证良好的第一印象，这里通常都是甲方极为关注的地方。

③ 配置植物时应考虑植物的成活率和易采购性；水体边不应布置落叶植物；植物布置图采用高、中、低分层表示，以便清楚植物的空间效果。——这里甲方提出了对植物配置和水体设计的特定要求，涉及植物采购、水体与植物关系。前者目的是便于施工时采购植物，后者是方便今后物业公司做清洁，这些都可以放在方案构思后期统一考虑，不是方案设计的主要矛盾。

④ 应考虑景观软、硬景的设置与建筑立面效果的配合，尤其是山墙等建筑立面效果不强的区域。应考虑利用景观解决相邻建筑对视的问题。——这里甲方提出了景观与住宅建筑，尤其是山墙面协调的要求，这当然比较重要，不过景观设计本身就需要考虑与建筑的协调，甲方强调的仅是他们关心的一个局部，所以这也不是主要矛盾。

以上的甲方意见并不全面，因为篇幅有限，仅节选了几个典型的甲方意见分析。但这有限的几个意见已经充分反映了甲方所关注的内容，既有整体的，也有局部的。在构思阶段作为设计师应该抓住影响整体项目构思的主要矛盾，针对该项目"与住宅建筑协调的欧陆景观风格"即是主要矛盾。这是以上根据与甲方交流得到的结果。

四、资料综合分析

将任务书解读、图纸消化、甲方交流三个步骤得到的信息整合起来，得到如下的综合信息。

① 小区采用严格的人车分流，这意味着景观方案构思基本不用考虑车行道景观，而以人的景观活动空间为主；

② 车库顶板上为人的活动景观空间，且空间形式以线状空间为主；

③ 在线状空间及其他空间的形式构成上，都要考虑与建筑欧陆风格的协调。

经过这样的总结归纳就从繁杂的项目信息中抽丝剥茧，把最核心的矛盾提取了出来，确保方案构思的方向正确，避免了问题太多无法着手的局面。

当然，实践项目中问题常常更为纷繁复杂，要从所有的资料信息中找到方案构思要解决的最关键最重要的问题，还需要在大量的设计实践中锻炼才行。

五、总平分区构思

前面对项目的资料分析，通过逻辑思维的整理已经初步完成了，但逻辑思维要落实到图示思维，否则构思就无法最终生成为以图形为表现形式的成果。但是图示思维，应该选择什么图进行构思呢？当然是总图。因为只有总图才是全面地、宏观地表达项目的整体信息。要运用从宏观到微观的思维方式，图示思维就一定要从项目总平面图（图4.10）开始。

面对这样一个表达了住宅建筑形式及间距、周边关系、内部空间分布、高差关系等复杂内容的规划及建筑总图，如何着手开始分析和构思呢？

前面分析到，小区采用严格的人车分流，这意味着景观方案构思基本不用考虑车行道景观，而

▲ 图4.10 项目总平面

以人的景观活动空间为主，因此，人的行为、活动过程是可以形成将所有景观串起来的主线。因为小区的景观主体使用者是人，除私家花园以外的所有公共空间都是要让人自由进出、观赏、体验的，而且这个小区车行道仅为极小的部分，基本上都是人的活动范围，所以分析人的行为过程，就能将所有性质不同的景观空间区分开来进行分区设计。只有完成了总平面分区，从整体到局部、从宏观到微观的过程才完整。

分析人的行为过程，可以从入口开始。到达小区入口时，人的行为有很多种可能，但最主要的、与景观最密切的，是从入口直接步行进入小区再回家的人流。

进入小区后，人们会经过规划安排的中心广场（场所）进入自家楼栋下面，也就体验到了线性空间，最后人们进入楼栋回家，进入完全私密的空间。形成这样一个流线：入口空间（开放）—场所空间（开放）—线性空间（半开放）—楼栋（半开放）—套内（私密）（图4.11），而出门的时候

▲ 图4.11 总平面人流分析

刚好相反。从景观空间的层次来讲，正好是公共—半公共—私密，嘈杂的—中间性的—安静的、动态的—中间性的—静态的等空间层次分布。这样的层次分布是比较合理的，对于人的感受而言，从公共空间到私密空间、从嘈杂到安静空间、从动态到静态空间的转换，空间性质适当的过渡会让人觉得比较自然。

根据人的行走流线及各个空间的层次分布，可以得到一个初步的景观空间分区图（图4.12）。其依据在于以下几个方面。

① 可以分类的空间具有不同的功能，比如入口空间功能主要在于小区形象、场所空间供人们集

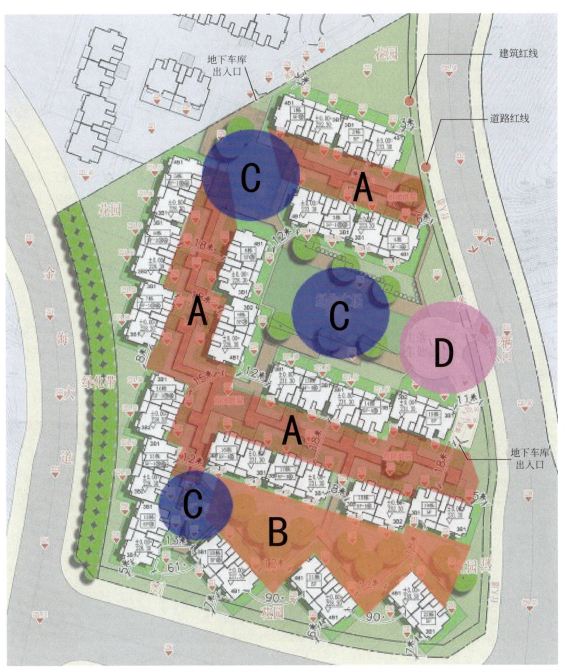

▲ 图4.12 图中A、B空间为线状空间、C为节点空间（场所空间）、D空间为入口空间

散休闲、线状空间主要功能是穿越等。

② 可以分类的空间具有不同的形式特点；比如入口空间有车型环岛（环形）、场所空间形式一般比较方正、线状空间一般成线条状等。

③ 可以分类的空间，可以用前面讨论的人的流线串接起来，而不会产生大的遗漏，而且符合人流分析的流线路径与空间层次分布。

通过分区会发现，不仅看不见摸不着的逻辑思维分析变成了清晰易懂的图示表达，而且原来复杂的规划与建筑总图也因为分区而变得简单明了，这为下阶段的方案构思打下了良好基础。

六、主要分区构思

完成了总平面的景观空间分区，一般就可以进入分区设计的阶段，但先构思哪一个分区呢？回到第4节分析的方案主要矛盾时发现，第2条明确指出应该重点解决线性空间，它不仅在所有空间中占的比例最大，也是甲方最为关注的部分。

值得注意的是，第4节第3条还表明，线性空间同其他空间一样必须按照欧陆风情进行设计。这样思路就比较明确了，以欧陆风格作为其构思的突破点。但是，欧陆风格是一个什么风格？欧陆风格时候只有一种流派？看过多少欧陆风格的图书或者资料呢？对于有经验的设计师，这些问题比较好回答，但是对于刚开始学习住宅景观设计的入门者，对这些问题的回答就必须建立在课后大量的阅读和积累上了。

经过与甲方的交流以及与规划建筑设计单位的反复讨论，最终本案例的景观设计师确定了以南欧风格作为景观风格定位。根据这样的定位，景观设计师寻找了大量的南欧风格意向作为设计参考。这里展示部分图片，作为构思分析的示例。

① 连续低矮的花池边界，这些花池边界常常为正交的直线构图，而不是像自然界的植物那样蜿蜒曲折的，其顶部常常是平直的石材压顶。硬质铺装中间常常会出现圆形等几何形状的花池等装饰，如图4.13。

② 圆形或集中式的小型欧式装饰花池，形成视线的集中焦点（图4.14）。

▲ 图4.13　南欧风格的挡墙及花池

▲ 图4.14　南欧风格的花池

③ 除了点缀在通道中的方形、圆形花池外，南欧风格的景观中，步行通道两侧的灌木绿化形式也常为规整的形式（图4.15）。

④ 图4.16展示了南欧小镇景观与建筑结合的形式，景观通常紧靠建筑，而将通道留在景观的中间。

以上的一些典型南欧风情的照片，为设计师提供了在线性空间上进行细化构思的参考和借鉴。这些参考资料不能直接照搬到该项目的设计中，必须要从这些意向性图片中总结出用图示表达的内在规律，以形成作为指导设计的基本模式：

- 花池采用规整几何形体

▲ 图4.15 南欧风格的花池

▲ 图4.16 南欧风格的街巷

- 局部用向心式水池（花池）
- 规整灌木绿化景观布置在两边
- 人行通道布置在中间且绿化紧靠建筑

将以上四个原则整合，结合项目图纸中住宅之间的线性平面空间，将沿建筑两侧进行绿化布置、留出住宅建筑出入口、私家花园入口之后，再将转角等较宽的通道中间布置一些形状规整的水池、花池，就得到了南欧风格的线性绿化空间模式（图4.17），根据分析、总结出的模式，将其复制到整个线性空间中，形成了方案的基本框架（图4.18、图4.19）。

▲ 图4.17 南欧风格的线性空间模式

▲ 图4.18 根据线性空间景观模式进行的线性空间部分布置

▲ 图4.19 线性空间景观方案效果

七、次要分区构思

所谓次要分区，只是相对于设计构思过程而言的。是为了在构思过程中，根据构思的需要理清先后顺序，而不是指各个分区对景观的重要性。就本文中的案例项目而言，所谓的次要分区指场所空间及入口空间，但这两个空间在功能上都是比较重要的，它们都是整个景观的必要组成部分。

次要空间的设计构思，过程与主要分区是一致的，是从南欧城市广场的风格意象中提取其构图元素及要点进行设计。比如中心广场，结合水体及铺地运用了"十字架"的平面构图方式；入口广场中，丛植的柏树用挺直的形态暗示了南欧风情等（图4.20、图4.21）。

▲ 图4.20　中心广场的场所景观设计

▲ 图4.21　入口空间的景观设计

八、方案构思整合

将前两个步骤的构思整合在一起，就形成整体的设计方案。因为构思过程一直紧紧地围绕着开始分析的主要矛盾（线性空间与建筑风格协调），而且构思的方式都来自于同样的模式复制方法，因此整合的时候就不会碰到太大矛盾，整合以后经过细致地补充、完善、修正，进而得到一个整体的方案（图4.22）。

说明：
1. 图中单色的绿色图块为私家花园，非景观设计部分；
2. 蓝色虚线框内为线性空间（主要矛盾）；
3. 红色虚线框内为节点空间（次要矛盾）；
4. 除此以外，在图纸整合后，还会有一些收尾的景观方案设计，比如项目边界周边绿化，这些部分的设计只需要在整合后补充完善即可。

图4.22 最终的景观方案总平面

第四节 方案文本构成

当住区景观设计方案构思完成后，通常需要用正式的方案设计"文本"呈送甲方或其他单位（如政府、专家或招标投标管理单位等）作为审查、研讨之用。因此对图形的表达完整性、准确性等要求就比较高。除了图形以外，一般来讲方案表达中还需要将文字说明等内容也作为方案文本的一部分，以方便将图纸难以表达的信息也整合到方案文本中。这里将方案文本的构成内容做简介如下。

一、方案说明部分

方案设计说明一般包括：项目简介、设计范围、设计构思、经济技术指标等几个部分，具体如下。

（1）项目简介　一般主要为项目所在城市或区域位置、项目规模大小、项目周边交通、住区住宅建筑类型等。

（2）设计范围说明　对于许多住区景观的方案设计而言，景观设计的具体范围可能有所不同，可以根据与甲方确定的合同范围简单地做一下阐述。

（3）设计构思说明　设计构思的表达对于方案设计非常重要，但是仅靠图形通常难以简明扼要地阐述，还需要文字进行概括。因此必要的文字也是需要的。

（4）经济技术指标　住区景观设计的经济技术指标内容不多，主要为项目设计的总景观面积。通常情况下，除总面积外还需将各个分项列出。比如水体面积、硬质铺装面积、道路面积、集中绿化面积等。

二、方案图纸部分

不同的住区景观方案设计，也许内容不同，表达的重点也会有一定差异。但是，以下按先后顺序论述的图纸在大多数项目中都要绘制。

（1）设计分析图（流线、分区、水体等分析）（图4.23）　用最清晰、简洁的线条或者图案、色块将设计构思中的，流线分析、空间分区等思考结果展示出来。

（2）风格及效果意象图（参见图4.13～图4.16）　一般用比较清晰的实景照片，展示设计准备达到的效果，传达设计师对空间、材料、色彩等方面的感受，也表达对设计风格的选择。

（3）总体/局部效果图（参见图4.19～图4.21）

（4）总体/局部平面图（参见图4.22）

（5）重点部位平面、剖面关系示意图（图4.24）　绝大多数住区景观项目，在构思过程中都有对于整个项目比较关键的、需要重点设计的部位，这些位置可以单独表达，以供与甲方协商。

（6）植物、灯具、家具配置示意图（图4.25、图4.26）　方案构思阶段，植物、灯具、家具等部分的设计也要考虑，但大多数情况下都只需要完成选型，并用示意图片展示（注意所谓景观家具，是指住区景观环境中配套的成品的座椅、垃圾桶、雕塑、花盆等设施）。

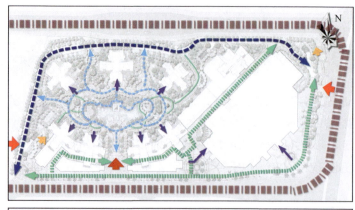
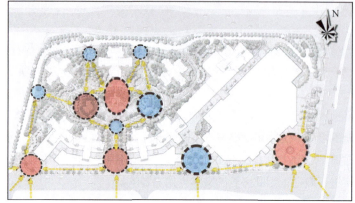
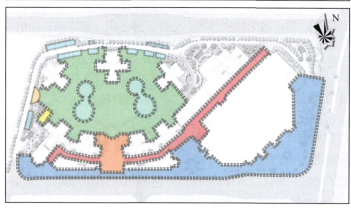
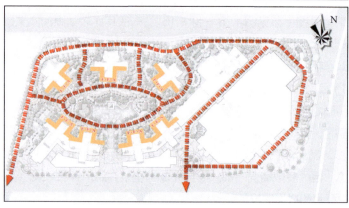

图4.23 某项目方案设计的流线分析、视线分析、功能分区分析、消防扑救分析图

图4.24 某项目方案设计文本中重点部位剖面示意图

色彩丰富、株型优美的植物体现社区内部的亲切和谐

层次分明、色彩丰富的灌木群　　　　　　　　整形的彩色灌木、齐整而简洁

植株挺拔、排列整齐的植物彰显商业街恢宏大气

乔、灌、草结合的植物配置形成安静、良好的居住空间

▲ 图4.25　某项目方案设计文本中植物和灯具配置示意图

▲ 图4.26 某项目方案设计文本中家具配置示意图

本章小结

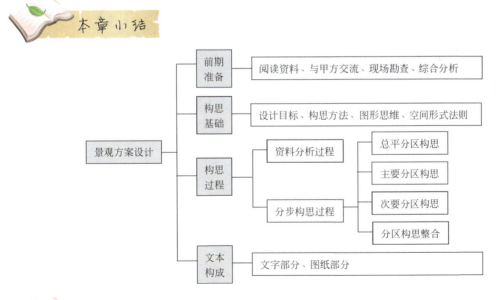

推荐阅读

- 《景观的视觉艺术》[英]西蒙·贝尔著．王文彤译．
- 《外部空间设计》[日]卢原信义著．尹培桐译．
- 《景观手绘速训》唐建．

单元作业

设计实作

- 选择一个规模合适的住区,针对该住区的景观空间进行现场调研。作业要求:

  (1)完成500~1000字左右文字说明,阐述该小区分区、风格特点,以及1~2处让自己特别感兴趣的空间,解释理由;

  (2)每篇文字说明后必须要有附图,张数不限且必须手绘。要求比较准确地表达出该小区的空间形态以及主要分区。

- 完成本章案例项目类似的景观空间设计(见图4.27)。要求如下:

  (1)不考虑地下车库的影响,整个场地不考虑高差;

  (2)风格按照本章案例要求;

  (3)地形尺寸见附图;

  (4)不考虑私家花园绿化及公共绿化的设计;

  (5)成果要求为1张1:200~1:300平面图,附1~2张完成局部手绘彩色效果图。

图4.27 作业附图(图中红色方块为住宅出入口)

第五章
住区景观施工图设计

知识目标

- 了解初步设计的基本内容
- 了解施工图设计的主要要求
- 了解影响施工图设计的工程相关常识

能力目标

- 掌握施工图阶段的图纸基本体系

住区景观施工图，是一套详细的图纸，用这套图纸不仅可以进行成本预算，还能用来进行材料采购、施工招标，也是施工全过程使用的蓝图，因此在准确性、详细度等方面比方案有更高的要求。

在完成了住区的景观方案设计后，一般就可以进入到景观的施工图设计阶段了。但对于一些比较复杂、面积比较大的项目而言，中间会增加一个初步设计阶段（也称为技术设计阶段，方案设计—初步设计—施工图设计的设计流程详见第三章有关说明）。另外，在进行施工图设计时，掌握一些对景观工程施工技术的常识，也才能真正把施工图做好。所以本章分为三个部分：

① 住区景观初步设计工作内容介绍；
② 住区景观施工图设计的主要要求；
③ 住区景观施工工程技术基本常识。

第一节　初步设计

初步设计阶段，一般是大型复杂项目的住区景观方案设计（宏观控制）往施工图设计阶段（微观深化）的过渡阶段，小型、简单项目通常可以直接由方案设计阶段进入施工图设计阶段。本阶段的主要目标，是在方案设计的基础上，从尺寸、材料、做法等各个方面进行深化和细化，以避免在施工图设计阶段再来解决一些较大的问题。

这里仅对初步设计阶段的主要工作内容作简单介绍如下（其图纸体系，除没有节点平面及大样以外，其余基本同后文施工图部分）。

  对方案设计回顾及优化

住区景观设计过程中，方案设计通过了甲方、政府等单位的审查和批准，并不代表方案已经非常完善。甲方、政府等部门之所以通过方案设计，常常是因为方案的主要思路、构思达到了要求，但方案大多还存在需要优化的问题。初步设计阶段，首要的任务就是尽量找到这些问题并解决。否则，直接进入施工图阶段后再来修改，将造成巨大的浪费。

  对方案设计各方面细化

在住区景观设计方案设计经过了优化和完善后，就可以开始适当的细化工作。区别于后面施工图阶段的设计细化，初步设计的细化侧重于整体的、大尺寸的细化，而不需要将所有的详细节点的做法尺寸进行表达。

初步设计中硬景的设计细化主要针对尺寸、材料确定，尤其是面积较大、对成本和效果影响较大的主要材料类型及尺寸，初步设计阶段可以经过多方对比成本高低、效果好坏、后期维护难易、对方案构思的符合程度等，选择最优化可行的材料类型及尺寸。需要在本阶段进行设计细化的主要内容为：

① 所有组成部分和区域所采用的材料，包括它们的色彩、质地、图案（如铺地的图案）；
② 各个主要、次要区域的植物，需要分析、绘制它们成熟期的图像，考虑其尺寸、形态、色彩、肌理；
③ 空间设计的质量和三维效果，如棚架、围墙、土丘等部分的高度、形式；
④ 道路、铺地的准确标高及坡度；
⑤ 室外设施如凳椅、盆景、水景、石材等尺度、外观和配置。

三、初步设计的各专业配合

进入初步设计阶段，要保证设计的可实施性，一般就需要其他专业工种参与进来进行商讨了。比如，涉及挡墙、挑台、水池设计的，通常结构专业需要进行配合，研究可行性及确定主要尺寸；

涉及夜景照明、智能控制的，通常电气专业也必须参与研究；而涉及水体、排水等问题的设计部分，当然也离不开给排水专业的协同合作。

另外要注意的是，由于住区景观设计中景观与住宅建筑的结合非常紧密，因此除这几个专业以外，与住区建筑设计的设计师协作有时也是非常重要的。比如，车库坡道顶板上的植物种植，如果导致其顶板结构降低的，就需要建筑设计的设计师及结构工程师一起参与对车道净空高度进行核查。

第二节　施工图设计

施工图设计阶段，是设计阶段的最后一个阶段，本阶段的设计成果，将作为甲方的工期安排、甲方资金及人员安排、施工招投标、施工单位的资金及人员安排、整个施工过程的依据。对于商品房住区项目而言，有时候施工图中确定的内容，还将作为甲方（房地产公司）对客户的承诺和销售条件。因此，需要设计师谨慎细心地进行图纸绘制，尽量避免图纸失误和错误。

一、施工图设计的基本工作步骤

（1）对方案设计图纸或者初步设计图纸的进一步优化、细化　设计阶段的设计优化，必须对各个主要部分内容包括功能分区、选型选材等方面，进行反复地推敲确保满足甲方及使用者的要求。在图纸细化方面，基本的细化内容与初步设计阶段相似，但是精确度要求更高，其目的是要能保证施工。

（2）专业配合与研讨　主要内容参见初步设计阶段专业配合工作。但特别要提醒的是，由于施工图阶段是设计工作的最后成果阶段（不包括施工期间服务），因此要确保绘制成图的各个专业图纸要一致。

（3）图纸绘制　施工图阶段的图纸绘制，主要是三大部分形成的体系，其一是总平面及各分区平面图；其二是各个局部的、节点的详图；其三是植物布置图（一般也称为软景图）。以上图纸不论是平面图还是详图的绘制，每个项目都可能有很大的差别，这里仅就景观专业（不含建筑、结构、水电等专业）的图纸体系做一些概貌性的介绍。

二、施工图的图纸体系

1 总平面图及分区总平面图

（1）总平面图及分区索引图　前面提到，施工图阶段的图纸内容是相当复杂的，不仅有尺寸、标高、说明等标注，而且里面图案也会比较细致地表达出来，而项目场地一般都比较大，要让看图的人看清楚，图纸会打印非常大。但是过分大的图纸在现场使用起来将非常不方便。为了保证既能看到全貌，又在合适大小的图纸上打印出来，一般采用总图加分区总图的形式，总图（图5.1）简化标注，不需要将所有的内容都在总图上完成；而分区总图（图5.2），提供分区绘制的索引，让人明白在哪里找细化的分区平面数据。

> 常用施工图的图纸尺寸大小如下。
> A0 规格：1189mm×841mm
> A1 规格：841mm×594mm
> A2 规格：94mm×420mm
> A3 规格：420mm×297mm
> 按照纸张幅面的基本面积，把幅面规格分为 A 系列、B 系列和 C 系列，幅面规格为 A0 的幅面尺寸为 841mm×1189mm，幅面面积为 $1m^2$；B0 的幅面尺寸为 1000mm×1414mm，幅面面积为 $2.5m^2$；C0 的幅面尺寸为 917mm×1279mm，幅面面积为 $2.25m^2$；施工图的幅面规格一般采用 A 系列。若将 A0 纸张沿长度方式对开成两等分，便成为 A1 规格，将 A1 纸张沿长度方向对开，便成为 A2 规格，最小可以到 A8 规格；一般施工图中，常用的是 A0~A3 规格，而且一般都需要折叠到 A4 大小。

要注意的是，分区的方式，可以根据实际情况采用便利的方法。图 5.2 中的例子是根据景观的图形分布，但也可以根据图纸（A0~A3）的形状，用矩形进行分区（图 5.3）。无论哪种方法，只要方便下一步深入表达以及看图者的理解即可。另外，分区的时候应避免遗漏掉需要表达的区域。

（2）各分区总图　将大总图进行合理的分区后，则要进行分区总图（图 5.4）的绘制。需注意的是，尽管图纸由于看图的需要，一般必须进行分区表达，但是在进行构思与问题思考的时候，不

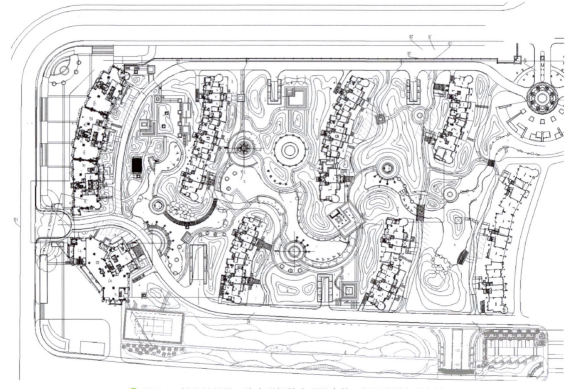

▲ 图 5.1　简化的总图，让人理解整个项目全貌，但没有详细的标注

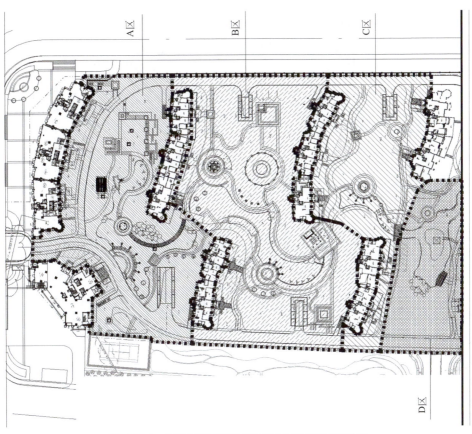

▲ 图5.2 根据项目平面特点进行分区的分区索引总图

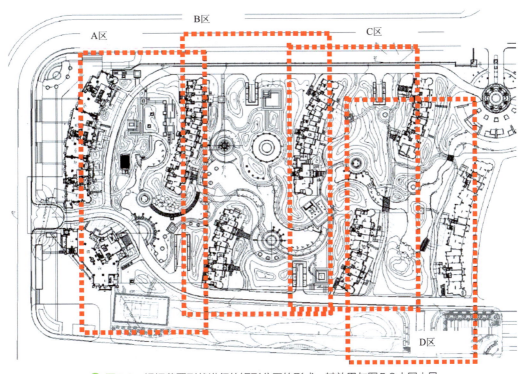

▲ 图5.3 根据蓝图形状进行的矩形分区的形式，其效果与图5.2大同小异

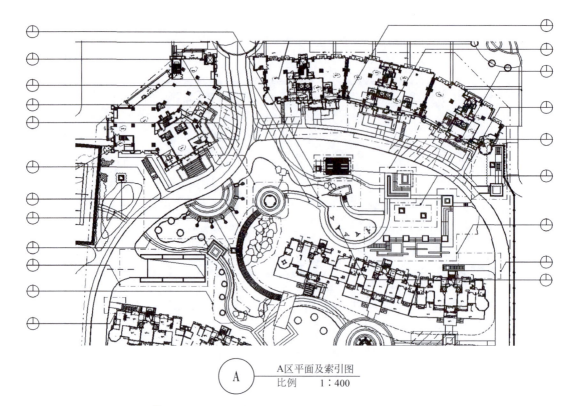

A区平面及索引图
比例 1：400

🔺 图5.4 A分区总图，该平面提供了局部大样的定位索引

宜进行分开考虑，也就是在前文（方案构思）章节中提到的，是从整体、宏观到微观。所有的道路、广场、绿化、水体、竖向都是从整体开始进行设计的，不会因为分区出图，而造成各个部分结合上出现偏差。

以上面这个工程为例，可以看到根据图5.2中索引指向的A区，就被单独绘制为一张分区总平面图。经过这张分区总图过渡后，由于一般已能基本看清景观平面的造型，所以这个时候可以完成两个主要工作，具体如下。

① 首先，要明白这张图传达的信息仍然是不够的，需要进一步进行索引以便能够将平面图与节点详图进行对应和定位。所以这张图上，可以看到许多不同大小、特点的详图索引符号（图5.5）。

② 其次，还可以根据这张大小合适的总平面图，进行尺寸的综合表达，以让施工方明白各个道路、设施、绿化的边界、距离和尺寸。

（3）各分区平面尺寸定位图　根据分区图进行分区平面的尺寸绘制，得到一般所称的"定位图"（图5.6）。顾名思义，也就是要能通过这张图进行尺寸定位放线的工作。需注意的是，在绘制定位尺寸的过程中有许多技巧。

① 首先，既然要定位，就必然需要一个起点。在建筑施工图中，通常会提到城市坐标系、施工临时坐标系等概念。而在住区景观施工图上相对简单很多，由于规划、建筑的图纸中，住宅建筑一般已经由建筑专业提供了准确的定位，所以在住区景观施工图上一般只需要以住宅建筑的最近点为参考点就可以了。

② 其次，对于不同的图案，有不同的标注方式：水平垂直的矩形，一般只需要长、宽尺寸就行；而有旋转角度的矩形，还需要标注旋转的角度；对于圆形或弧形，需要标注圆心与半径，并以

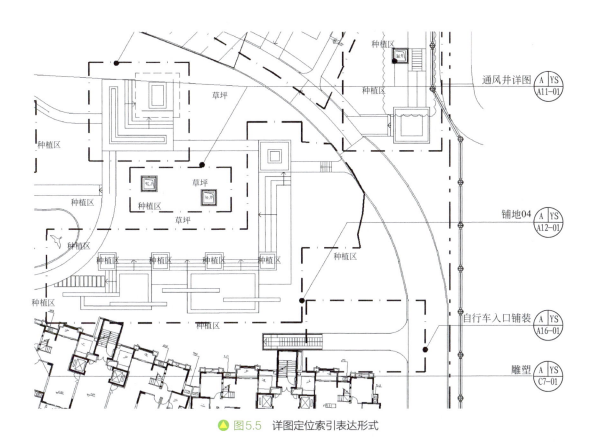

▲ 图5.5 详图定位索引表达形式

圆心为定位点;对于异形的图案,有可能会用到放样图的形式。

③ 要注意,标注尺寸的文字大小、方向,标注形式等规范都有要求,应养成按照规范进行图纸绘制的习惯。

❷ 节点详图

(1)节点平面图　不论是方案构思,还是施工图绘制,住区景观设计的图纸绘制,一般都是从平面开始的。节点详图也不例外。节点详图与前文分区总平面图的绘制基本相似,只不过随着需要表达的对象尺度越来越小,其绘制的对象也越来越具体而已(见图5.7,可与图5.4对照学习)。类似于分区总平面图,一般会有一个相应的平面尺寸图,这里不再赘述。

(2)节点大样图　当节点平面图上,已经可以索引到一些如台阶、花池、单块铺地、单个挡墙、座椅等单体构件时,就可以进行"大样图"的绘制了。

不同于以上所有图纸,各种不同单体构件的大样图很难用"平面图"这一形式串接起来。这是每一种单体构件的体型、做法、构造都是千差万别的。对于有些单体构件,关键是要表达好剖面的关系,比如台阶等;还有一些构件,如铺地就主要是平面上对材料的排布;而另外一些构件,比如树池、中式亭阁,则构件的长、宽、高三个方面都要进行设计推敲及图纸绘制。

由于不仅各个单体构件差别极大,不同项目的同一构件的做法、特点、要求也差别极大,所以这方面的能力,需要长期实践培养、大量阅读优秀项目的设计图纸,才能较好地掌握,这里不做进一步的要求,仅以最简单的两个节点(树池和台阶)做一个了解(图5.8、图5.9)。

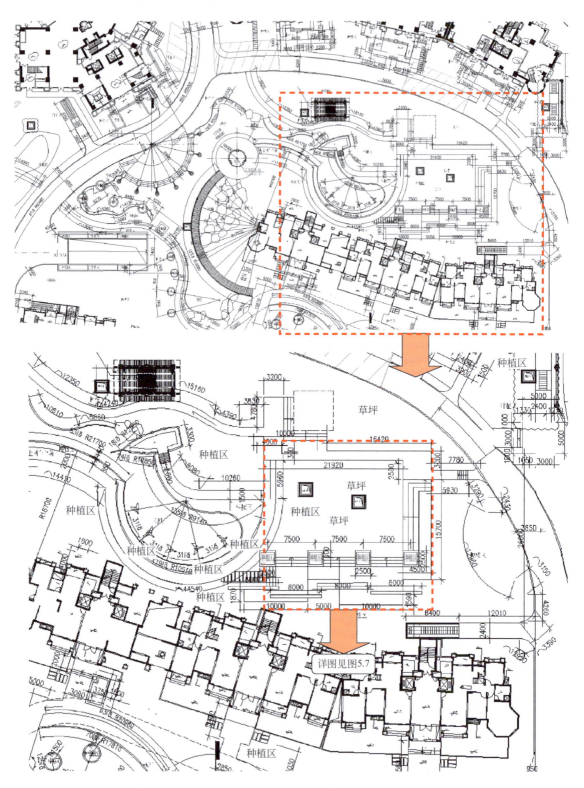

图5.6 A分区定位尺寸平面图(下方的图为局部放大展示的图)

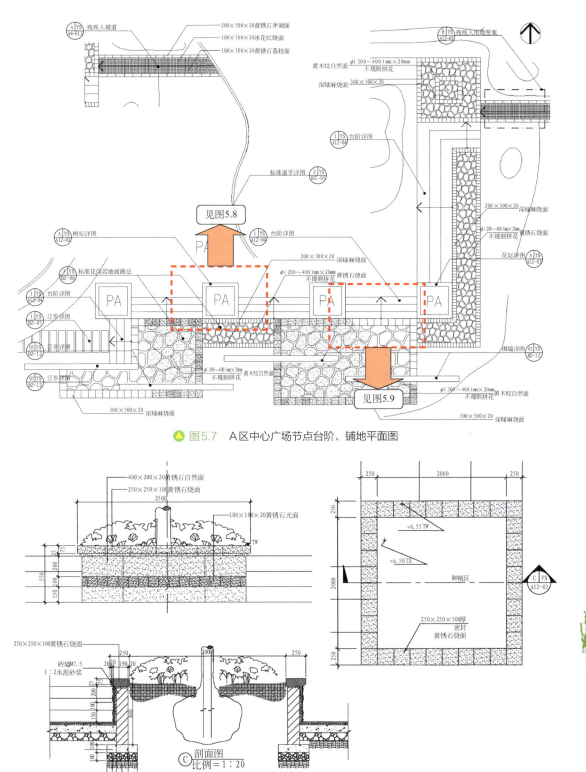

▲ 图5.7 A区中心广场节点台阶、铺地平面图

▲ 图5.8 中心广场节点树池大样图

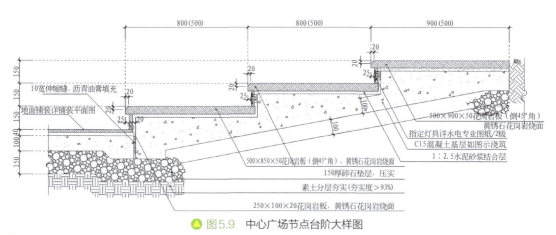

▲ 图5.9 中心广场节点台阶大样图

❸ 绿化布置图

绿化布置图主要表达的对象，是植物的布置及要求。所有的植物包括乔木、灌木都需要告诉施工单位，是多大的植株、多少数量、栽种在什么位置等主要的信息。由于对象是植物，因此通常也被称为"软景图"。一般在住区景观施工图的图纸装订中，软景图为使用方便都是单独装订。

软景图纸还有一个特点，其主要绘制对象中，乔木和灌木具有本质上的区别，因为乔木在图纸上是可以单棵地表达和统计，而部分灌木体积小面积大，很难进行单株地表达，所以一般是按照面积进行表达和统计。

软景图纸的绘制，一般和前文中硬景图纸的绘制方式相似，都需要先绘制总平面分区图再进行局部平面的绘制。而且一般绘制到分区图层次基本上就能满足使用要求了。这里不再重复总平面分区图绘制的过程，仅选择一个分区绿化平面（图5.10、图5.11）进行了解即可。

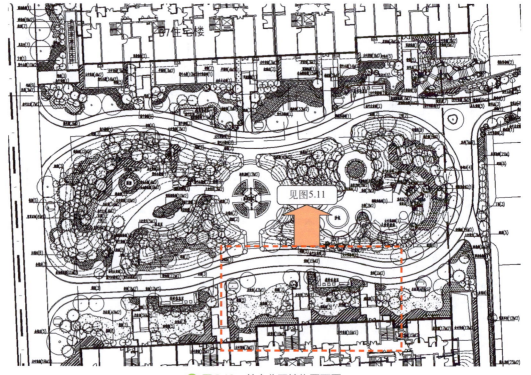

▲ 图5.10 单个分区植物平面图

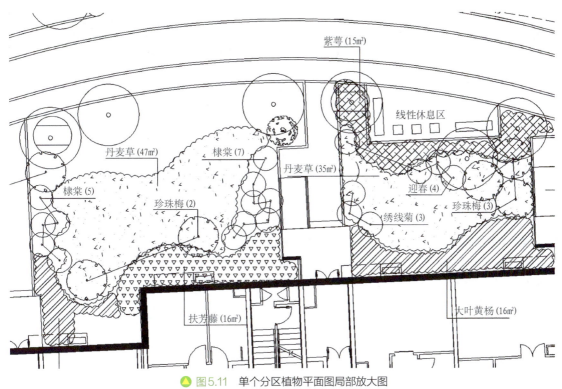

▲ 图5.11 单个分区植物平面图局部放大图

注意珍珠梅、迎春等植物在图中用连线连接起来并标注了株数,而像丹麦草、大叶黄杨等草坪、灌木就用占地面积(平方米)表示其数量。另外,不同的草坪、灌木种类,为图面清晰,用了不同的图案进行填充,使得其分布一目了然。

4. 住区景观施工图装订顺序

前面介绍了住区景观施工图绘制的三大部分,在绘制完成后,一般是根据以下图纸顺序进行装订成图。

(1)硬景图纸部分

① 设计说明及技术指标(景观面积表);

② 总平面图、总平面分区图;

③ 各区域平面图;

④ 各区域平面尺寸定位图、竖向图、家具布置图等分项图纸;

⑤ 各区域剖面图;

⑥ 节点平面图;

⑦ 节点详图。

(2)软景图纸部分

① 设计说明及技术指标(植物配置表);

② 总平面(分区图);

③ 各区域平面植物布置图(乔木);

④ 各区域平面植物布置图(灌木、草坪);

⑤ 重点部位植物布置详图。

第三节 工程技术常识

住区景观施工图设计,若是只考虑绘图顺序以及一些绘图技巧,经过短期的学习和练习,应该不是很难掌握。但工程技术的知识通常需要多年的积累,这里先简单介绍一些基本常识,以使学习者在今后的工作中,可以有一些初步基础。

住区景观建设工程的分类,按造园的要素及工程属性,可分为住区景观工程、住区景观建、构筑工程和种植工程三大部分。住区景观工程主要包括土方工程、住区景观水电工程、水景工程、铺地工程、假山工程等内容;住区景观建、构筑物是指在住区景观中有造景作用,同时供人游览、观赏、休息的建筑物,在住区景观设计中主要指一些构筑物如亭、阁、棚架等,住区景观建、构筑工程主要包括地基与基础工程、墙柱工程、墙面与楼面工程、屋顶工程、装饰工程等;种植工程的主要内容包括乔灌木种植、大树移植、草坪栽植工程和养护管理等。这里主要介绍住区景观工程建设主要常识以及相应的一些施工图设计要点。

一、地形、竖向与土方

(一)地形概述

1. 地形组成要素

组成住区景观地面的地形要素,是指地形中的地貌形态、地形分割条件、地表平面形状、地面坡向和坡度大小等几个方面的组成要素。地形地貌对景观空间的营造有重要影响(图5.12)。

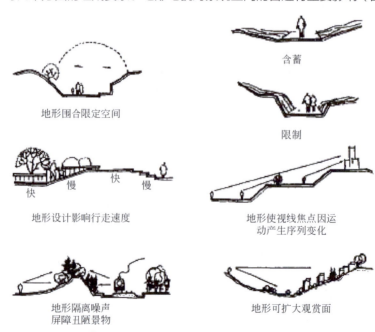

▲ 图5.12 地形地貌与空间、人的心理关系

（1）住区景观地貌形态　地貌形态就是地面的实际形状或地面的基本形状面貌。在我国住区景观中，常见的地貌形态则主要有五类，即：丘山地貌、岩溶地貌、平原地貌、海岸地貌和流水地貌，这些地貌形态各有其形态特征。

（2）地形平面要素　主要有地面分割要素和平面形状要素两类。在有住区景观地形构成中，平面形状要素是指地表的平面形状是由各种分割要素进行分割而形成的；从地块的平面形状来说，除了圆形场地外，正方形、长方形、条状、带状及各种自然形状的地块，都有一定的方向性。地面分割要素存在自然条件分割和人工条件分割两种。

① 自然条件分割是指地面上，由两个方向相反的坡面交接而形成的线状地带，可构成分水线和汇水线，这两种分界线把地貌分割成为不同坡向、不同大小、不同形状的多块地面；各块地面的形状如何取决于分水线和汇水线的具体分布情况。

② 人工条件分割是指在住区景观的山地、丘陵和平地上，人工修建的园路、围墙、隔墙、排水沟渠等，也将住区景观建设用地分割为大小不同、坡向变化、坡度各异的各块用地，这些就是人工分割要素。

2. 等高线概述

地表面上标高相同的点相连接而成的直线和曲线称为"等高线"（图5.13）。等高线是假想的"线"，是天然地形与某一高程的水平面相交所形成的交线投影在平面图上的线。给等高线标注上数值，便可用它在图纸上表示地形的高低、陡缓、峰峦位置、坡谷走向及溪池的深度等内容，地形等高线图只有标注出比例尺和等高距后才有意义。等高线具有以下特性。

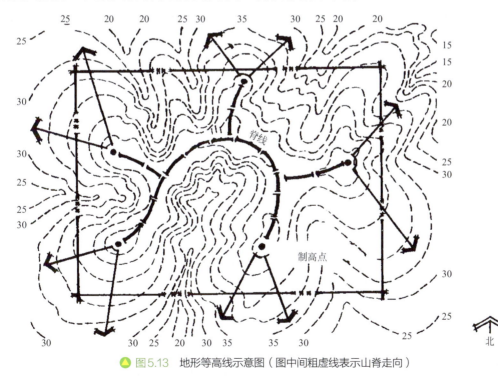

▲ 图5.13　地形等高线示意图（图中间粗虚线表示山脊走向）

① 同一条等高线上所有的点的标高相同。
② 任意一条等高线都是连续曲线，且是闭合的曲线。

③ 等高线的水平间距的大小表示地形的缓或陡，疏则缓，密则陡；等高线间距相同时，表示地面坡度相等。

④ 等高线一般不相交、重叠或合并，只有在悬崖处的等高线才可能出现相交的情况。在某些垂直于地面的峭壁、地坎或挡土墙、驳岸处的等高线才会重合在一起。

⑤ 等高线与山谷线、山脊线垂直相交时，山谷线的等高线是凸向山谷线标高升高的方向，而山脊线的等高线是凸向山脊线标高降低的方向。

⑥ 等高线不能随便横穿过河流、峡谷、堤岸和道路等。

（二）竖向设计

竖向设计是指在一块场地上进行垂直于水平面方向的布置和处理。住区景观用地的竖向设计就是住区景观中各个景点、各种设施及地貌等在高程上如何创造高低变化和协调统一的设计。

1 竖向设计原则与内容

（1）保证场地良好的排水　力求使设计地形和坡度适合污水、雨水的排水组织和坡度要求，避免出现积水凹地。道路纵坡不小于0.3％，无铺装地面的最小排水坡度为1％，而铺装地面则为5‰，但这只是参考限值，具体设计还要根据土壤性质和汇水区的大小、植被情况等因素而定。建筑室内地坪标高应保证在沉降后仍高出室外地坪15～30cm。室外地坪纵坡不得小于0.3％，并且不得坡向建筑墙脚，住宅建筑出入口处严禁积水。

（2）充分利用地形，减少土方工程量　设计应尽量结合自然地形，减少土、石方工程量。填方、挖方一般应考虑就地平衡，缩短运距。附近有土源或余方有用处时，可不必过于强调填、挖方平衡，一般情况土方宁多勿缺，多挖少填；石方则应少挖为宜。

（3）考虑建筑群体空间景观设计的要求　尽可能保留原有地形和植被。建筑标高的确定应考虑建筑群体高低起伏富有韵律感而不杂乱。必须重视空间的连续、鸟瞰、仰视及对景的景观效果。斜坡、台地、踏级、挡土墙等细部处理的形式、尺度、材料应细致、亲切宜人。

2 竖向设计表达方式

住区景观竖向设计所采用的方法主要有三种，即高程箭头法、纵横断面法和设计等高线法。高程箭头法又叫流水向分析法，主要在表示坡面方向和地面排水方向时使用。纵横断面法常用在地形比较复杂的地方，表示地形的复杂变化。设计等高线法是住区景观地形设计的主要方法，一般用于对整个住区景观进行竖向设计。

① 高程箭头法（图5.14），是目前在我国景观设计图最常用的方法；

② 横断面法；

③ 设计等高线法。

（三）土方工程

在住区景观项目的施工中，原始地形很难被完全保留，有些场地需要被开挖而有些会被回填，这就产生了土方的平衡问题。由于不论是开挖土方、运走土方或者到外面购买土方进行回填的成本都非常高，因此在本项目内尽量做到挖方与填方的平衡，对于施工图设计非常重要的。

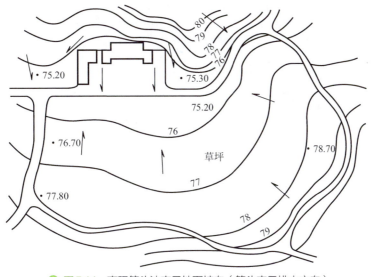

▲ 图5.14　高程箭头法表示地面坡向（箭头表示排水方向）

土方计算方法。常用的大致可归为以下四类：用体积公式估算、断面法、等高面法、方格网法。

二、景观挡墙设计

1 常见挡墙形式

（1）混凝土墙　表面可作多种处理，如一次抹面、灰浆抹子抹光、打毛刺、细剁斧面、压痕处理、压痕打毛刺处理、上漆处理、喷漆贴砖处理、刷毛削刮处理等，以及利用调整接缝间隔、改变接缝形式和削角形式，可以使混凝土围墙展现出不同的风格。混凝土墙体也可作为其他墙体的基础墙体。

（2）砖砌墙　砖墙的砌法有多种，如英式砌法、法式砌法、荷兰式砌法等。当墙体设计高度较高时，通常是把混凝土墙当作基础墙。砌筑砖材，其砌筑方法除上述几种外，基本上与花砖墙的砌法相同。

（3）文化石墙（图5.15）　面铺文化石的景墙。由于文化石本身的品种、颜色、规格以及砌法多样化，所筑成的文化石也是形式复杂。

（4）石面墙（图5.16）　以混凝土墙作基础，表面铺以石料的景墙。表面多饰以花岗石，也有以铁平石、称父青石作不规则砌筑。此外，还有以石料窄面砌筑的竖砌景墙，以不同色彩、表面处理的石料，构筑出形式、风格各异的景墙。

（5）万代墙　无加工处理，基础占地小，工程造价低。

▲ 图5.15　文化石墙

▲ 图5.16　石面墙

❷ 挡墙结构类型

结构问题主要有三种基本的解决方式，即重力墙、悬臂墙和垄格挡土墙。每一种都有很多变化可以考虑，这取决于所选择的标准。要注意的是，为节省成本且创造比较生态、自然的景观，在施工图设计中应尽量选用成本较低的重力式挡土墙。所谓重力式挡土墙，是利用挡墙的材料（如石材）的自身重量抵抗土壤推力的挡墙形式。

三、水景工程

水——无论是小溪、河流、湖泊还是大海，对人都有一种天然的吸引力。人们周围的水景都给人一种自然的恬静和怡神的感觉。从古至今，用水景点缀环境由来已久。水已成为梦想和魅力的源泉。在水的住区景观设计中，一般要从以下角度入手。

（1）水的形态设计　水无固定的形状，它的形状取决于容器的形状。丰富多彩的水态，取决于容器的大小、形状、色彩和质地或所依的山体。从这个意义上讲，住区景观水体设计实际上是"容器"的设计。

（2）水的音响设计　当水漫过或绕过障碍物时，当水喷射到空中然后落下时，当水从岩石跌落到水潭时，都会产生各种各样的声音。滴滴答答、叮叮咚咚的水声也是景观环境的重要组成部分。因此，水的设计包含了水的音响设计。

（3）水的意境设计　中国从传统造园要求的"虽山人作，宛自天开"，到今天更强调的"回归自然"、可持续发展等，人们都希望流水要表现更多的自然特征——宽窄不一、弯弯曲曲、深浅变化，自然的岸壁，水中的鱼、鸭、鹅、鹤等。

（一）一般水景工程

❶ 湖体工程

湖属静态水体，有天然湖和人工湖之分。前者是自然的水域景观，如云南滇池、杭州西湖等。人工湖是人工依地势就低挖凿而成的水域，沿岸因境设景、自成天然图画，如深圳仙湖及一些现代公园中的人工大水面。湖的特点是水面宽阔平静，具平远开朗之感。

人工湖要视基址情况巧作布置，湖的基址宜选择壤土、土质细密、土层厚实之地，不宜选择过于黏质或渗透性大的土质为湖址。好的湖底全年水量损失占水体体积5%～10%；一般湖底10%～20%；较差的湖底20%～40%。以此制定湖底施工方法及工程措施。常见湖底工程措施有灰土湖底、塑料薄膜湖底和混凝土湖底等。其中灰土做法适于大面积湖体，混凝土湖底宜极小的湖池。

❷ 溪流造景

山间的流水为溪，夹在两山之间的水为涧，人们已习惯将二者连在一起。溪与涧略有不同的是：溪的水底及两岸主要由泥土筑成，岸边多水草；涧的水底及两岸则主要由砾石和山石构成，岸边少水草。在溪流的平面线形设计中，要求线形曲折流畅，回转自如；两条岸线的组合既要相互协调，又要有许多变化，要有开有合，有收有放，使水面富于宽窄变化。

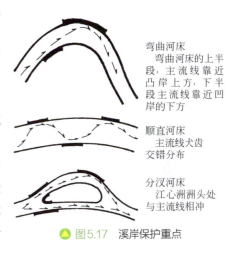

为了创造小溪中湍流、急流、跌水等景，溪流的局部必须做工程处理。溪岸的破坏主要是由水的流动造成的，如图5.17所示水的主流线与崩岸部位的关系，也就是护岸的重点部位。小河弯道处中心线弯曲半径一般不小于设计水面宽的5倍，有铺砌的河道其弯曲半径不小于水面宽的2.5倍。弯道的超高一般不宜小于0.3m，最小不得小于0.2m。折角、转角处其水流不应小于90°。

▲图5.17 溪岸保护重点

❸ 瀑布工程

瀑布属动态水体，有天然瀑布和人工瀑布（图5.18）之分。天然瀑布是由于河床突然陡降形成落水高差，水经陡坎跌落如布帛悬挂空中，形成千姿百态、优美动人的壮观景色。人工瀑布是以天然瀑布为蓝本，通过工程手段而修建的落水景观。

▲图5.18 住区景观中设计小型瀑布的案例

瀑布上跌落下来的水，在地面上形成一个深深的水坑是瀑潭。瀑潭里有大大小小的岩石、边缘有水草。设计要求潭的大小应能承接瀑布流下来的水，它横向的宽应略大于瀑身的宽度，它纵向的

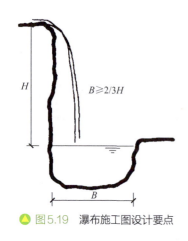

▲ 图5.19 瀑布施工图设计要点

宽为防止水花四溅，其宽度应等于或大于瀑身高度的2/3（图5.19）。潭底结构应根据瀑布落水的高度即瀑身高H来决定。室内瀑布为减少水跌落时的噪声可在潭内铺人工草坪，避免瀑布的水直接跌落产生较大的声音。

在瀑布水量控制上，一般瀑布高2m则以每米宽度的流量为0.5m³/min为宜。瀑高3m的普通瀑布，可按如下标准（日本经验）设计：

① 沿墙面滑落的瀑布——水厚3～5mm左右；
② 普通瀑布——水厚10mm左右；
③ 气势宏大的瀑布——水厚20mm以上。

（二）水体岸坡工程

1. 驳岸工程

驳岸是一面临水的挡土墙，是支持陆地和防止岸壁坍塌的水工构筑物。在驳岸的设计中，要坚持实用、经济和美观相统一的原则，统筹考虑，相互兼顾，达到水体稳定、岸坡牢固、水景岸景协调统一、美化效果表现良好的设计目的。

驳岸顶高程应比最高水位高出一段以保证水面变化不致因风浪拍岸而涌入岸边陆地面。因此，高出多少应根据当地风浪拍击驳岸的实际情况而定。水面广大、风大、空间开旷的地方高出多一些。而湖面分散、空间内具有挡风的地形则高出少一些。一般高出25～100cm。从造景角度看，深潭和浅水面的要求也不一样。一般水面驳岸贴近水面为好。游人可亲近水面，并显得水面丰盈、饱满。在地下水位高、水面大、岸边地形平坦的情况下，对于游人量少的次要地带可以考虑短时间被最高水位淹没以降低由于大面积垫土或加高而使驳岸的造价增大。

2. 护坡工程

护坡是保护坡面防止雨水径流冲刷及风浪拍击的一种水工措施。护坡和驳岸均是护岸的形式，两者极为相似，没有严格的划分界限。主要区别在于驳岸多采用岸壁直墙，有明显的墙身，岸壁大于45°。护坡不同，它没有支撑土壤的直墙，而是在土壤斜坡（45°以内）上采用铺设护坡材料的做法。护坡的作用主要是防止滑坡、减少地面水和风浪的冲刷，保证岸坡稳定。

护坡在住区景观工程中得到广泛应用，原因在于水体的自然缓坡能产生自然、亲水的效果。护坡方法的选择应依据坡岸用途、构景透视效果、水岸地质状况和水流冲刷程度而定。目前常见的方法有草皮护坡、灌木护坡和铺石护坡。

① 草皮护坡适于坡度在1∶5～1∶20之间的水岸缓坡。护坡草种要求耐水湿、根系发达、生长快、生存力强，如假俭草、狗牙根等。若要增加景观层次、丰富地貌、加强透视感，可在草地散置山石，配以花灌木。

② 灌木护坡较适于大水面平缓的坡岸，由于灌木有韧性、根系盘结、不怕水淹，能削弱风浪冲击力，减少地表冲刷，因而护岸效果较好。护坡灌木要具备速生、根系发达、耐水湿、株矮常绿等特点，可选择沼生植物护坡。施工时可直播、可植苗，但要求较大的种植密度，若因景观需要，强

化天际线变化，可在其间适量植草和乔木。

③ 当坡岸较陡，风浪较大或因造景需要时，可采用铺石护坡。铺石护坡由于施工容易，抗冲刷力强，经久耐用，护岸效果好，还能因地造景，灵活随意，因而成为住区景观工程常见的护坡形式。

护坡石料　要求吸水率不超过1%、密度大于2t/m³和较强的抗冻性，如石灰岩、砂岩、花岗岩等岩石，以块径18～25cm，长宽比1:2的长方形石料最佳。

铺石护坡度：应根据水位和土壤状况确定，一般常水位以下部分坡面的坡度小于1:4，常水位以上部分采用1:1.5～1:5。

为保证坡岸稳固，可在块石下面设倒滤层。倒滤层常做成1～3层，第一层为粗砂，第二层为小卵石或小碎石，最上层用级配碎石，总厚度15～25cm。若现场无砂、碎石，也可用青苔、水藻、泥灰、煤渣等做倒滤层。

滤水层　为保证坡岸稳固，可在块石下面设倒滤层。倒滤层常做成1～3层，第一层为粗砂，第二层为小卵石或小碎石，最上层用级配碎石，总厚度15～25cm。若现场无砂、碎石，也可用青苔、水藻、泥灰、煤渣等做倒滤层。

（三）水池工程

这里所指水池区别于河流、湖泊和池塘。河流、池塘多取天然水源，一般不设上下水管道，面积大且只做四周驳岸处理。湖底一般不加以处理或简单处理；而水池面积相对小些，多取人工水源，因此必须设置进水、溢水和泄水的管线。有的水池还要做循环水设施。水池除池壁外，池底亦必须人工铺砌而且壁底一体。水池要求也比较精致（图5.20）。

▲ 图5.20　常见水池形式

水池施工图设计包括平面设计、立面设计、剖面设计和管线设计。

（1）平面设计　水池平面设计主要是与所在环境的气氛、建筑和道路的线型特征和视线关系相协调统一。水池的平面轮廓要"随曲合方"，即体量与环境相称，轮廓与广场走向、建筑外轮廓取得呼应与联系。要考虑前景、框景和背景的因素。不论规则式、自然式、综合式的水池都要力求造型简洁大方而又具有个性的特点。水池平面设计要显示其平面位置和尺度。标注池底、池壁顶、进水口、溢水口和泄水口、种植池的高程和所取剖面的位置。设循环水处理的水池要注明循环线路及设施要求。

（2）剖面设计　水池立面设计反映主要朝向各立面处理的高度变化和立面景观。水池池壁顶与周围地面要有合宜的高程关系。既可高于路面，也可以持平或低于路面做成沉床水池。一般所见水池的通病是池壁太高而看不到多少池水。池边允许游人接触则应考虑水池边观赏水池的需要。池壁顶可做成平顶、拱顶和挑伸、倾斜等多种形式。水池与地面相接部分可做成凹入的变化。

（3）管线设计　水池剖面设计应有足够的代表性，要反映从地基到壁顶各层材料的厚度。

（四）喷泉工程

喷泉是理水常用的重要的手法之一，是指用水压力，使动态的水以喷射状流水构成水景的一种理水方法。它能够增加局部空间的空气湿度，减少尘埃，大大增加空气中负氧离子的浓度，因而也有益于改善环境，增进人们的身心健康。

喷泉喷水的高度和喷水池的直径大小与喷泉周围的场地有关。根据人眼视域的生理特征，对于喷泉、雕塑、花坛等景物，其垂直视角在30°、水平视角在45°的范围内有良好的视域。那么对于喷泉来讲，怎样确定"合适视距"呢？粗略地估计，大型喷泉的合适视距约为喷水高的3.3倍，小型喷泉的合适视距约为喷水高的3倍；水平视域的合适视距约为景宽的1.2倍。当然也可以利用缩短视距，造成仰视的效果，来强化喷水给人的高耸的感觉。

另外，在施工图中也要考虑喷泉的形式。随着喷泉设计的不断改造与创新，新的喷泉水型不断地丰富与发展。其基本形式喷水形式有单射流、造型喷头喷水、组合喷水等。各种喷泉水型可以单独使用，也可以是几种喷水型相互结合，共同构成美丽的图案，常用喷水造型的有单射程喷头、涌泉喷头、喷雾喷头、旋转式喷头、孔雀形喷头、缝隙式喷头、重瓣花喷头、伞形喷头、牵牛花形的喷头、冰树形喷头、吸气式喷头、风车形喷头、蒲公英形喷头、宝石球喷头、跳跳泉喷头等（图5.21）。

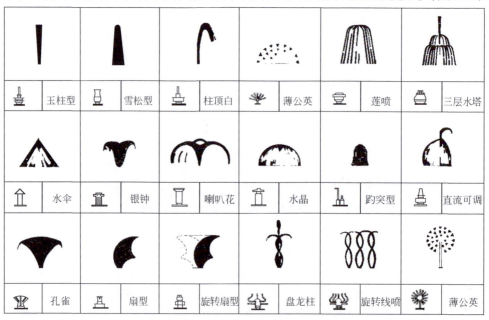

▲ 图5.21　常见喷泉形式

需注意的是喷泉设计中要考虑夜景效果。为了既保证喷泉照明取得华丽的艺术效果，又能避免观众产生眩目，布光是非常重要的。照明灯的位置一般是在喷水的下面，喷嘴的附近，以喷水前端高度的1/5～1/4以上水柱的水滴作为照射的目标，或以喷水下落到水面稍上的部位为照射的目标。这时如果喷泉周围的建筑物、树丛等背景是暗色的，则喷泉水的飞花下落的轮廓就会被照射得清清楚楚。喷嘴群在有的场合呈环状排列，这时在喷头内侧配光比在喷头外侧配光的效果好。

四、铺地工程

铺地设计，是住区景观施工图硬景设计中，最频繁碰到的问题。其功能与作用主要体现在：划分、组织空间；组织交通和导游；提供活动场地和休息场所；参与造景，形成特色；组织排水等，铺地作为人们经常行走其上的景观处理，功能类型和做法种类都非常多样。

1. 园路构造概要

路面是用坚硬材料铺设在路基上的一层或多层的道路结构部分。按照路面在荷载作用下工作特性的不同，可以把路面分为刚性路面和柔性路面两类。从横断面上看，园路路面是多层结构的，其结构层次随道路级别、功能的不同而有一些区别。一般园路的路面部分，从下至上结构层次的分布顺序是：垫层、基层、结合层和面层。路面结构层的组合，应根据园路的实际功能和园路级别灵活确定。一些简易的园路，路面可以不分垫层、基层和面层，而只做一层，这种路面结构可称为单层式结构。如果路面由两个以上的结构层组成，则可叫多层式结构。各结构层之间，应当结合良好，整体性强，具有最稳定的组合状态。结构层材料的强度一般应从上而下逐层减小，但各层的厚度却应从上而下逐层增厚。

2. 梯道尺度细节

住区景观道路在穿过高差较大的上下层台地，或者穿行在山地、陡地时，都要采用踏步梯道的形式。即使在广场、河岸等较平坦的地方，有时为了创造丰富的地面景观，也要设计一些踏步或梯道，使地面的造型更加富于变化。常见的住区景观踏步梯道及其结构设计要点如下所述。

（1）砖石阶梯踏步　以砖或整形毛石为材料。根据行人在踏步上行走的规律，一步踏的踏面宽度应设计为28～38cm，适当再加宽一点也可以，但不宜宽过60cm；二步踏的踏面可以宽90～100cm。每一级踏步的宽度最好一致，不要忽宽忽窄。每一级踏步的高度也要统一起来，不得高低相间。一级踏步的高度一般情况下应设计为10～16.5cm。低于10cm时行走不安全，高行16.5cm时行走较吃力。儿童活动区的梯级道路，其踏步高宽为10～12cm，踏步宽不超过45cm。另外，在设置踏步的地段上，踏步的数量至少应为2～3级，如果只有一级而又没有特殊的标记，则容易被人忽略，使人绊跤。

（2）混凝土踏步　一般将斜坡上素土夯实，坡面用1：3：6三合土（加碎砖）或3：7灰土（加碎砖石）作垫层并筑实，厚6～10cm；其上采用C10混凝土现浇做踏步。踏步表面的抹面可按设计进行。每一级踏步的宽度、高度以及休息缓冲平台、轮椅坡道的设置等要求等，都与砖石阶梯踏步相同，可参照进行设计。

（3）山石磴道　在住区景观土山或石假山及其他一些地方，为了与自然山水住区景观相协调，梯级道路不采用砖石材料砌筑成整齐的阶梯，而是采用顶面平整的自然山石，依山随势地砌成山石磴道。踏步石踏面的宽窄允许有些不同，可在30～50cm之间变动。踏面高度还是应统一起来，一一般采用12～20cm。设置山石磴道的地方本身就是供登攀的，所以踏面高度大于砖石阶梯。

❸ 铺装构造概要

根据路面铺装材料、装饰特点和住区景观使用功能，可以把园路的路面铺装形式分为整体现浇、片材贴面、板材砌块铺装、砌块嵌草和砖石镶嵌铺装等五类（图5.22）。

（1）整体现浇铺装　采用整体现浇的路面，主要是沥青混凝土铺装和水泥混凝土铺装。沥青混凝土路面属于黑色路面，一般不用其他方法来对路面进行装饰处理。水泥混凝土路面也可作彩色水泥抹灰，即在水泥中加各种颜料，配制成彩色水泥，对路面进行抹灰，可做出彩色水泥路面。

（2）片材贴面铺装　这种铺地类型一般用在小游园、庭园、屋顶花园等面积不太大的地方。若铺装面积过大，路面造价将会太高，经济上常不能允许。常用的片材主要是花岗石、大理石、釉面墙地砖、陶瓷广场砖和马赛克等等。在混凝土面层上铺垫一层水泥砂浆，起路面找平和结合作用。用片材贴面装饰的路面，其边缘最好要设置道牙石，以使路边更加整齐和规范。

① 花岗石铺地。这是一种高级的装饰性地面铺装。花岗石可采用红色、青色、灰绿色等多种，要先加工成正方形、长方形的薄片状，才用来铺贴地面。其加工的规格大小，可根据设计而定。大理石铺地与花岗石相同。

② 石片碎拼铺地。大理石、花岗石的碎片，价格较便宜，用来铺地很划算，既装饰了路面，又可减少铺路经费。形状不规则的石片在地面上铺贴出的纹理，多数是冰裂纹，使路面显得比较别致。

③ 釉面墙地砖铺地。釉面墙地砖有丰富的颜色和表面图案，尺寸规格也很多，在铺地设计中选择余地很大。

④ 陶瓷广场砖铺地。广场砖多为陶瓷或琉璃质地，产品基本规格是100mm×100mm，略呈扇形，可以在路面组合成直线的矩形图案，也可以组合成圆形图案。广场砖比釉面墙地砖厚一些，其铺装路面的强度也大些，装饰路面的效果比较好。

⑤ 马赛克铺地。庭园内的局部路面还可以用马赛克铺地，如古波斯的伊斯兰式庭园道路，就常见这种铺地。马赛克色彩丰富，容易组合地面图纹，装饰效果较好；但铺在路面较易脱落，不适宜人流较多的道路铺装，所以目前采用马赛克装饰路面的并不多见。

（3）板材砌块铺装　用整形的板材、方砖、预制的混凝土砌块铺在路面，作为道路结构面层的，都属于这类铺地形式。这类铺地适用于一般的散步游览道、草坪路、岸边小路和城市游息林荫道、街道上的人行道等。

① 板材铺地。打凿整形的石板和预制的混凝土板，都能用作路面的结构面层。这些板材常用在园路游览道的中带上，作路面的主体部分；也常用作较小场地的铺地材料。

② 黏土砖墁地。用于铺地的黏土砖规格很多，有方砖，亦有长方砖。

③ 预制砌块铺地。用预制的混凝土砌块铺地，也是作为园路结构面层。

④ 预制道牙铺装。道牙铺装在道路边缘，起保护路面作用，有用石材凿打整形为长条形的，也有按设计用混凝土预制的。

（4）砌块嵌草铺装　预制混凝土砌块和草皮相间铺装路面，能够很好地透水透气；绿色草皮呈点状或线状有规律地分布，在路面形成好看的绿色纹理。

（5）砖石镶嵌铺装　用砖、石子、瓦片、碗片等材料，通过镶嵌的方法，将园路的结构面层做成具有美丽图案纹样的路面，这种做法在古代被叫做"花街铺地"。采用花街铺地的路面，其装饰性

▲ 图5.22 铺地（图案做法）

很强，趣味浓郁；但铺装中费时费工，造价较高，而且路面也不便行走。

4. 铺地施工常识

铺地种类多样，其施工的做法也不相同，这里简单介绍一下较常用的片材面层、嵌草路面的施工常识。

片块状材料作路面面层，在面层与道路基层之间所用的结合层做法有两种：一种是用湿性的水泥砂浆、石灰砂浆或混合砂浆作结合材料；另一种是用干性的细砂、石灰粉、灰土（石灰和细土）、水泥粉砂等作为结合材料或垫层材料。

地面镶嵌与拼花：施工前，要根据设计的图样，准备镶嵌地面用的砖石材料。设计有精细图形的，先要在细密质地的青砖上放好大样，再细心雕刻，做好雕刻花砖，施工中可嵌入铺地图案中。要精心挑选铺地用的石子，挑选出的石子应按照不同颜色、不同大小、不同长扁形状分类堆放，铺地拼花时才能方便使用。施工时，先要在已做好的道路基层上，铺垫一层结合材料，厚度一般可在40～70mm之间；垫层结合材料主要用：1∶3石灰砂、3∶7细灰土、1∶3水泥砂等，用干法砌筑或湿法砌筑都可以，但干法施工更为方便一些；在铺平的松软垫层上，按照预定的图样开始镶嵌拼花；一般用立砖、小青瓦瓦片来拉出线条、纹样和图形图案，再用各色卵石、砾石镶嵌作花，或者拼成不同颜色的色块，以填充图形大面；然后，经过进一步修饰和完善图案纹样，并尽量整平铺地后，就可以定稿；定稿后的铺地地面，仍要用水泥干砂、石灰干砂撒布其上，并扫入砖石缝隙中填实；最后，除去多余的水泥石灰干砂，清扫干净；再用细孔喷壶对地面喷洒清水，稍使地面湿润即可，不能用大水冲击或使路面有水流淌；完成后，养护7～10d。

嵌草路面的铺砌：无论用预制混凝土铺路板、实心砌块、空心砌块，还是用顶面平整的乱石、整形石块或石板，都可以铺装成砌块嵌草路面。施工时，先在整平压实的路基上铺垫一层栽培壤土作垫层。壤土要求比较肥沃，不含粗颗粒物，铺垫厚度为100～150mm。然后在垫层上铺砌混凝土空心砌块或实心砌块，砌块缝中半填壤土，并播种草籽。采用砌块嵌草铺装的路面，砌块和嵌草层是道路的结构面层，其下面只能有一个壤土垫层，在结构上没有基层，只有这样的路面结构才能有利于草皮的存活与生长。

本章小结

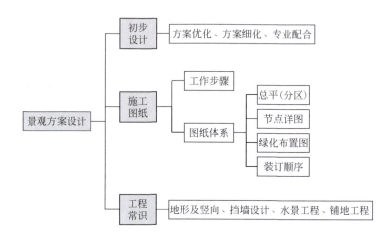

单元作业

思考题

1. 方案图纸和施工图，在图纸编排上有哪些不同？
2. 方案图纸的软景图与施工图的软景图有何区别？
3. 地面设计中地面坡度设计遵循什么原则？

实作训练

抄绘教材中图5.9、图5.10节点平面与大样图一份。

参考文献

[1] 中华人民共和国建设部. 城市居住区规划设计规范（GB 50180—93）. 北京：中国建筑工业出版社，2005.
[2] 建设部住宅产业化促进中心. 居住区环境景观设计导则（2006版）. 北京：中国建筑工业出版社，2009.
[3] [日]卢原信义著. 尹培桐译. 外部空间设计. 北京：中国建筑工业出版社，1983.
[4] 胡佳. 居住小区景观设计. 北京：机械工业出版社，2007.
[5] 郭淑芬，田霞. 小区绿化与景观设计. 北京：清华大学出版社，2010.
[6] 赵衡宇，陈琦. 城市住区环境景观设计教程. 北京：化学工业出版社，2010.